CHARLES D'ORBIGNY

DICTIONNAIRE UNIVERSEL D'HISTOIRE NATURELLE

TOME II

ZOOLOGIE

Elibron Classics
www.elibron.com

Elibron Classics series.

ISBN 1-4212-1791-0 (paperback)
ISBN 1-4212-1790-2 (hardcover)

This Elibron Classics Replica Edition is an unabridged facsimile of the edition published in 1873 by E. Martinet, Paris.

DICTIONNAIRE

UNIVERSEL

D'HISTOIRE NATURELLE

ATLAS

TOME II

DICTIONNAIRE
UNIVERSEL
D'HISTOIRE NATURELLE

DIRIGÉ

PAR M. CHARLES D'ORBIGNY

ATLAS

DE LA DEUXIÈME ÉDITION

ZOOLOGIE

Reptiles, Poissons articulés

TOME DEUXIÈME

PARIS
AU BUREAU PRINCIPAL DE L'ÉDITEUR
25, RUE MONSIEUR-LE-PRINCE
1873

1

2

Oudart pinx. *Oudet sc.*

1er Ordre CHELONIENS { *CHERSITES* 1. *Tortue mauritanique* (Testudo mauritanica *Bib.*) 1/3 de *gr. nat.*
ELODITES CRYPTODERES 2. *Cistude commune* (Cistudo vulgaris *Bib.*) 1/3 *gr. nat.*

Folliau imp.

1

Oudart pinx. Oudet sc.

1.er Ordre CHELONIENS | POTAMITES 1. *Gymnopode spinifère* (Gymnopus spiniferus *Bib.*) 1/7 de gr. nat.
THALASSITES 2. *Chélonée franche* (Chelonia mydas *Schweig.*) 1/24 de gr. nat.

Fotliau imp.

Ordre des ÉMYDOSAURIENS	CROCODILIENS. 1. *Caïman à museau de Brochet.* (Alligator lucius, Cuv.) 1/6 de gr. nat.
Ordre des SAURIENS	GECKOTIENS. 2. *Platydactyle des murailles.* (Platydactylus muralis, Dum. Bib.) 3/4 de gr. nat.

Folliau. imp.

Ordre des SAURIENS { CAMELEONIENS. 1. *Caméléon à nez fourchu.* (Chamæleo bifidus, *Brong.*) 1/3 de g. n.
VARANIENS. 2. *Varan à deux bandes.* (Varanus bivittatus, *Dum. Bib.*) 1/4 de g. n.

Pelliau. imp.

Ordre des SAURIENS. { IGUANIENS. 1. Iguane tuberculeux. (Iguana tuberculata, Laur.) ⅓ de gr. nat.
LACERTIENS. 2... Lézard vert. (Lacerta viridis, Daud.) ⅓ de gr. nat.

Fellitau imp.

3e Ordre SAURIENS. SCINCOIDIENS. 1. Gongyle ocellé. (Gongylus ocellatus, Bib.) ½
CHALCIDIENS. 2. Pseudope de Pallas. (Pseudopus Pallasii, Bib.) ⅔

Fodhau imp.

Ordre des SAURIENS. { *AMPHISBÈNIENS*. 1. *Amphisbène enfumée* (Amphisbæna fuliginosa, *Lin.*) ⅔ de gr. n.

Ordre des OPHIDIENS. { *TYPHLOPSIENS*. 2. *Typhlops lombric.* (Typhlops lumbricalis, *Schn.*) ⅔ de gr. nat.

{ *PLECTRURIENS*. 3. *Uropeltis des Philippines* (Uropeltis Philippinus, *Cuv.*) ⅔ de gr. nat.

Ordre des OPHIDIENS. { TORTRICIENS. 1. *Rouleau à rubans.* (Tortrix scytale, *Oppel.*) 2/3 de gr. nat.
CLINOGNATHIENS. 2. *Homalosome à ventre étroit.* (Homalosoma arctiventris, *Wagl.*) 2/3 de gr. nat.

Fellion, imp.

Ordre des OPHIDIENS.
ERYCIENS. 1. *Eryx de Duvaucel.* (Eryx Duvaucelii, *Bib.*) 1/3 *gr. nat.*
BOÆIENS. 2. *Boa Devin.* (Boa constrictor, *Linn.*) 1/3 *de gr. nat.*

Follian imp.

1.

2.

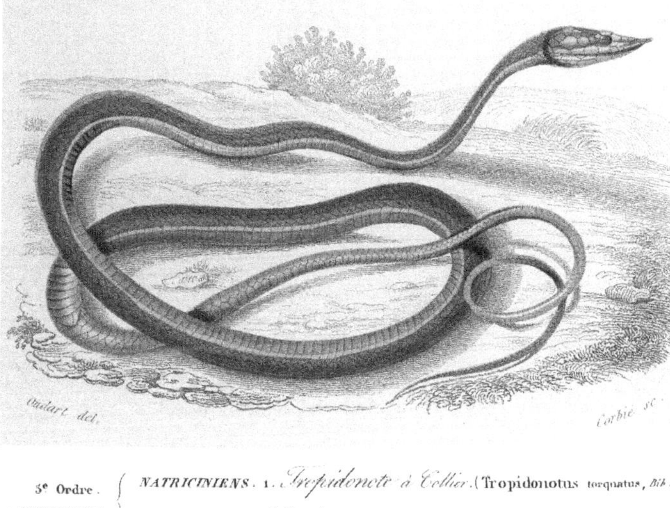

Oudart del. Corbié sc.

5e Ordre. OPHIDIENS.

NATRICINIENS. 1. *Tropidonote à Collier.* (Tropidonotus torquatus, *Bib.*) 1/3

DRYINIENS. 2. *Dryine nasique.* (Dryinus nasutus, *Bib.*) 1/2 de gr. nat.

Ordre des OPHIDIENS.
ACROCHORDIENS. 1. *Acrochorde de Java.* (Acrochordus Javanicus, Hornst.) 1/3 de gr. n
HYDROPHIDIENS. 2. *Plature à bandes.* (Platurus fasciatus, Latr.) 1/2 de gr. nat.

Folliau imp

Ordre des OPHIDIENS } ELAPSIENS { 1. Elaps corail. (Elaps corallinus, Merr.) ⅔ de grand. nat.
2. Naja haje. (Naja haje, Merr.) ⅓ de gr. nat.

Pollian imp.

Ordre des OPHIDIENS { TRIGONOCÉPHALIENS. 1. *Crotale commun.* (Crotalus durissus. *Linn.*) 1/3 de gr. n.
VIPÉRIENS. 2. *Céraste cornu.* (Cerastes cornutus. *Wagl.*) 1/2 de gr. nat.

Bollian imp.

Ordre des BATRACIENS. { CÉCILOÏDES. *Siphonops annelé.* (Siphonops annulatus, Wagl.)

Follian imp.

Ordre des BATRACIENS RANIFORMES

1. Pseudis de Mérian. (Pseudis Merianæ, Dum. et Bib.) 3/4 de gr. nat.
2. Trachycéphale géographique. (Trachycephalus geographicus, Dum. et Bib.) 2/3 de grandeur nat.

Follian imp.

Ordre des BATRACIENS *BUFONIFORMES*

1. *Engystome ovale* (Engystoma ovale. *Fitzing.*)
2. *Crapaud vert* (Bufo viridis. *Laur.*) *3/4 de grand. nat.*

Follian imp.

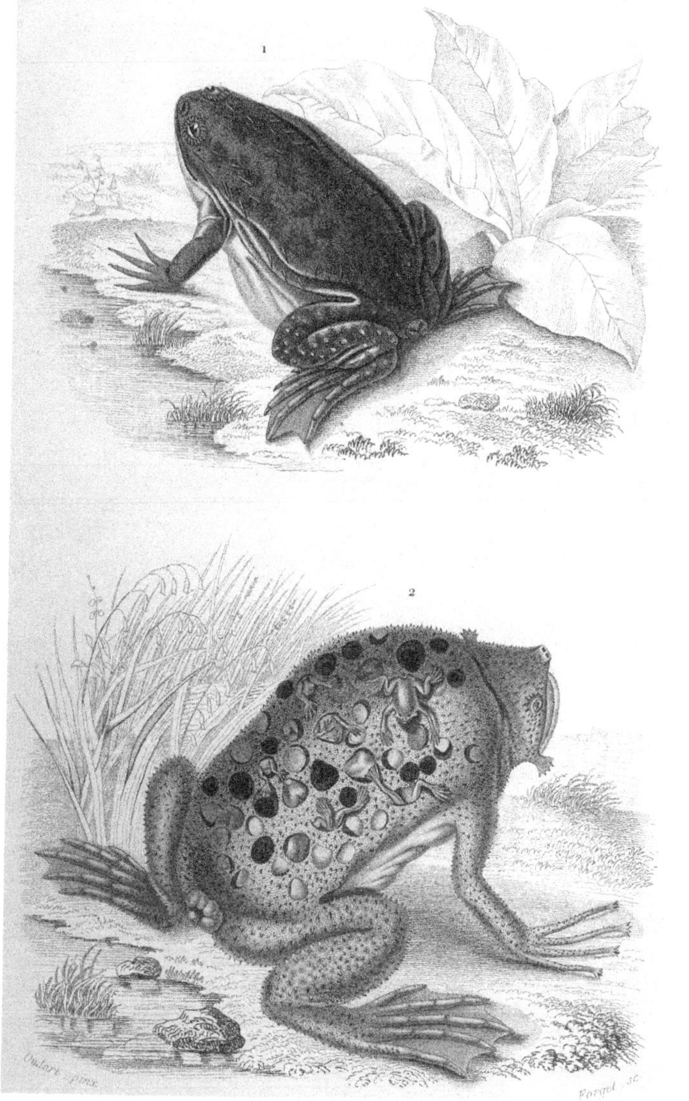

Ordre des BATRACIENS. (ANOURES PHRYNAGLOSSES)

1. Dactylèthre du Cap. (Dactylethra capensis, Cuv.) 2/3 de g. nat.

2. Pipa americain. (Pipa americana, Laurenti) 2/3 de gr. nat.

Folliau imp.

Ordre des BATRACIENS URODÈLES
1. *Salamandre tachetée.* (Salamandra maculosa, *Laur.*) 3/4 de gr. nat.
2. *Ménopome des monts Alleghanies.* (Menopoma Alleghaensis, *Harlan.* 1/3 de grandeur nat.

Folliau imp.

Ordre des BATRACIENS.
1. Ménobranche à raies latérales. (Menobranchus lateralis, Harl.) ½ de g. n.
2. Sirène lacertine. (Siren lacertina, Linn.) ⅔ de grandeur naturelle

Folliau imp.

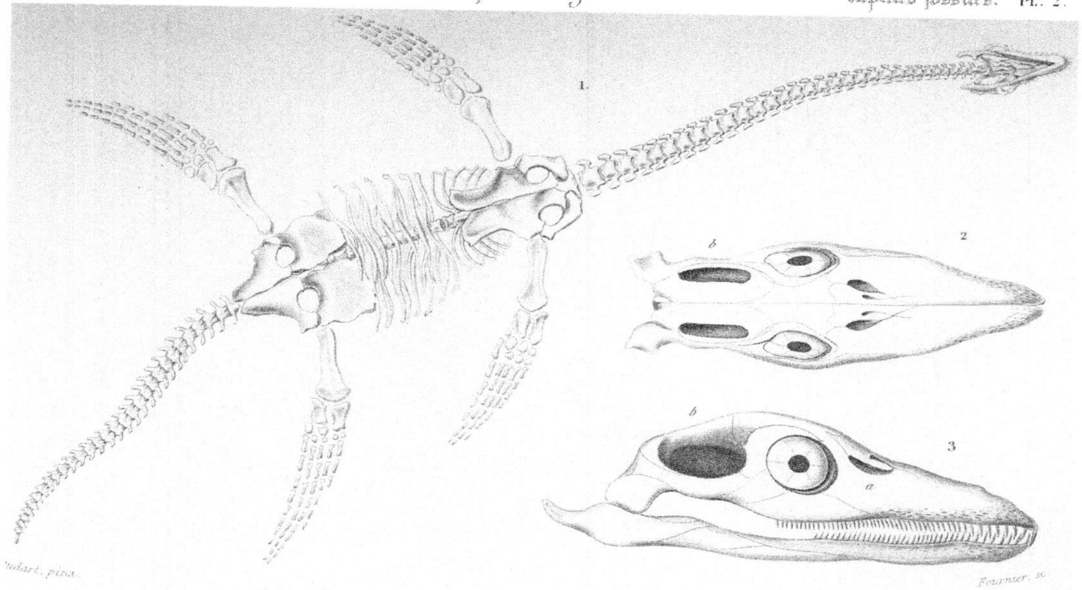

1. *Squelette de* **Plesiosaurus** dolichodeirus, *Conyb. _ 2/3 de gr. nat.*

2, et 3. *La tête vue en dessus et de profil. _ 1/2 de gr. natur.*

Follian imp.

ACANTHOPTÉRYGIENS.
PERCOÏDES.

1. Perche commune (Perca fluviatilis, Lin.) ¼ de gr. nat.
2. Tête du Cheilodiptère rayé (Cheil. vittatus, Lac.)
3. Grémille commune (Acerina vulgaris, Cuv. Val.) ⅔ de g. n.

Fellian imp.

ACANTHOPTÉRYGIENS.
PERCOÏDES.

1. *Holocentre longipenne* (Holocentrum longipenne, *Cuv. Val.*) ⅔ de g. n.
2. *Tête de la Sphyrène baracude* (Sphyræna baracuda, *Cuv. Val.*)
3. *Vive commune* (Trachinus draco, *Lin.*) ⅔ de gr. nat.

Folliau imp.

Acarie Baron pinx. Corbié sc.

ACANTHOPTÉRIGIENS PERCOÏDES
1. Sphyrène ordinaire (Sphyrœna vulgaris Lin.) 2/3 de gr. nat.
2. Mulle rouget (Mullus barbatus Linn.) 1/2 gr. nat.

Fellian imp.

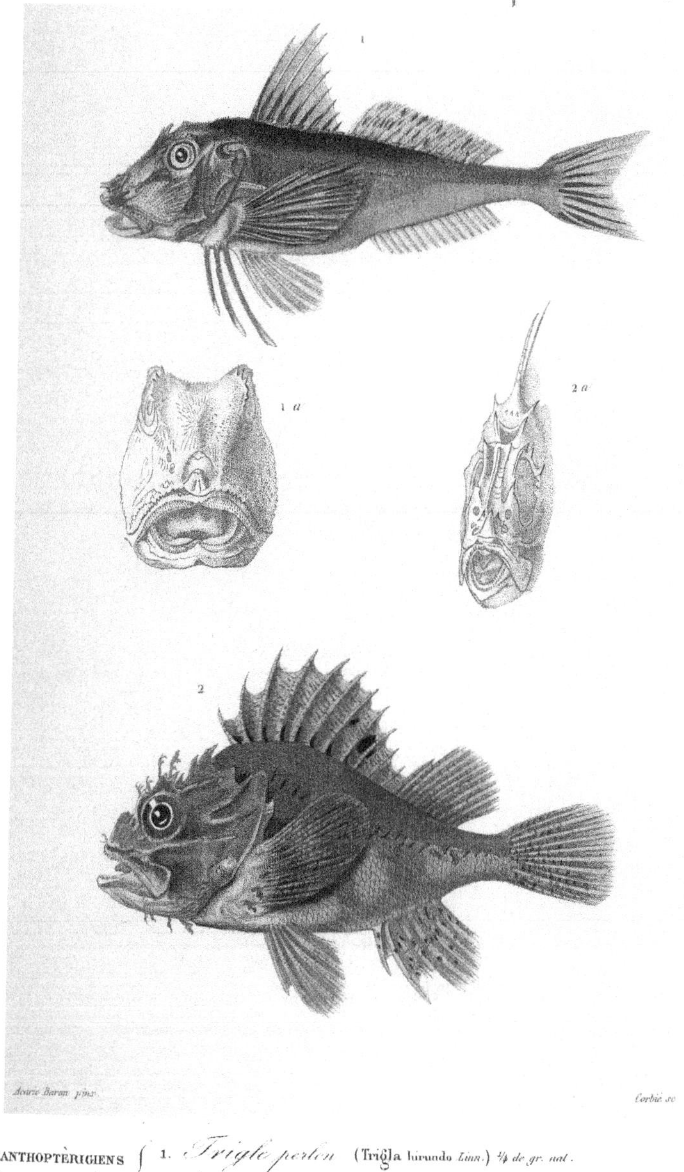

Acarie Baron pinx. Corbié sc.

ACANTHOPTÉRIGIENS À JOUES CUIRASSÉES

1. *Trigle perlon* (Trigla hirundo *Linn.*) *¼ de gr. nat.*

2. *Scorpenne rascasse* (Scorpæna porcus *Linn.*) *de gr. nat.*

Fallieu imp.

ACANTHOPTÉRYGIENS | 1. *Maigre.* (Sciæna aquila, Cuv.)

SCIÉNOIDES | 2. *Pristipome* (Pristipoma Virginianum, Cuv. Val.)

1

2

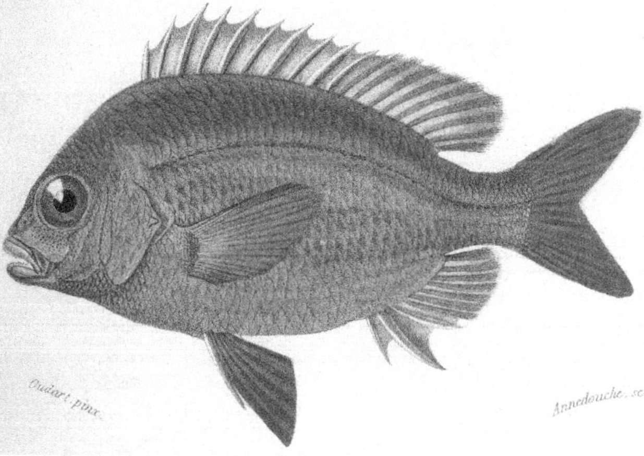

Oudart pinx. Annedouche sc.

ACANTHOPTERYGIENS — 1. *Amphiprion à deux bandes* (Amphiprion bifasciatus, *Bl.*)

SCIÉNOÏDES — 2. *Scolopside de Vosmaer* (Scolopsides Vosmeri, *Bl.*) ½ de gr. nat.

Pelletier Imp.

ACANTHOPTÉRYGIENS SPAROÏDES { 1. Pagel (Sparus Erythrinus Linn.) ½ gr. nat. 1ª ses dents vues sur le squelette.
2. Picarel (Sparus Smaris Linn.) ⅔ gr. nat. 2ª son museau en protraction.

Rémond imp.

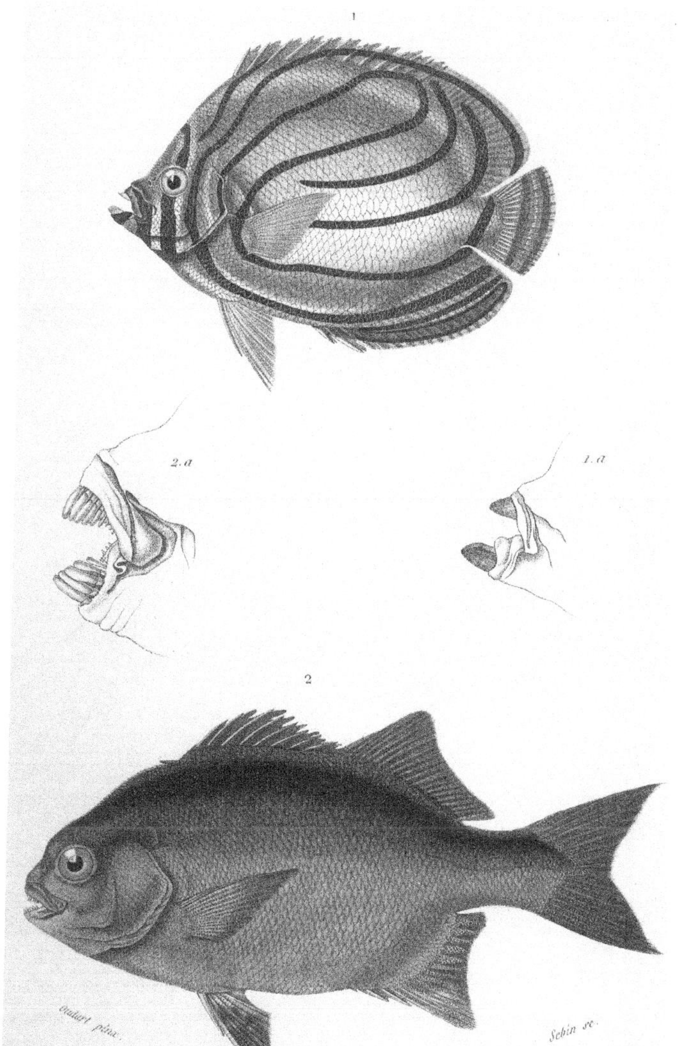

ACANTHOPTÉRYGIENS.
SQUAMMIPENNES.

1. *Chétodon de Meyer.* (Chætodon Meyeri. *B.*) ½ *de gr. nat.*
2. *Diptérodon du Cap.* (Dipterodon Capensis. *Cuv. et Val.*) ⅔ *de gr. nat.*

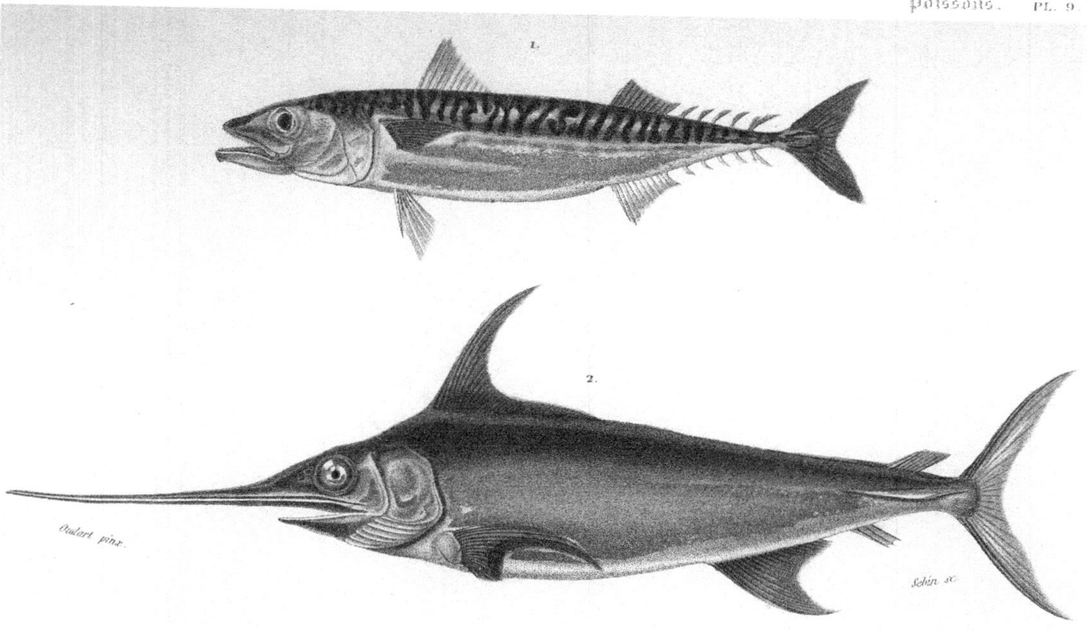

ACANTHOPTÉRYGIENS. SCOMBEROÏDES. 1. *Maquereau colias.* (Scomber colias. *Val.*) 1/3 de gr. nat. 2. *Xiphias épée.* (Xiphias gladius. *Lin.*) 1/3 de gr. nat.

Bollian imp.

ACANTHOPTÉRYGIENS { 1. *Trachyptère de Spinola*. (**Trachypterus** Spinolæ, *Val.*) *de gr. n.*
TÉNIOIDES. { 2. *Cépole ruban*. (**Cœpola** rubescens, *Linn.*) *2/3 de gr. nat.*

Fellian imp.

ACANTHOPTÉRYGIENS TEUTHIES.
1. *Amphacanthe du Corail.* (Amphacanthus corallinus, *Cuv. et Val.*) ¼ de gr. n.
2. *Acanthure à pierreries.* (Acanthurus gemmatus, *Cuv. et Val.*) ½ de gr. nat.

Pollian imp.

ACANTHOPTÉRYGIENS à branchies LABYRINTHIFORMES.

1. *Anabas tortue* (Anabas scandens Daldorf) de gr. nat. 1a sa branchie et son appareil labyrinthique.
2. Branchies et appareil labyrinthique de l'*Osphromène Gourami* (Osphromenus olfax Comm.)
3. *Ophicéphale strié* (Ophicephalus striatus Bl.) 2/3 gr. nat.

Foutiau imp.

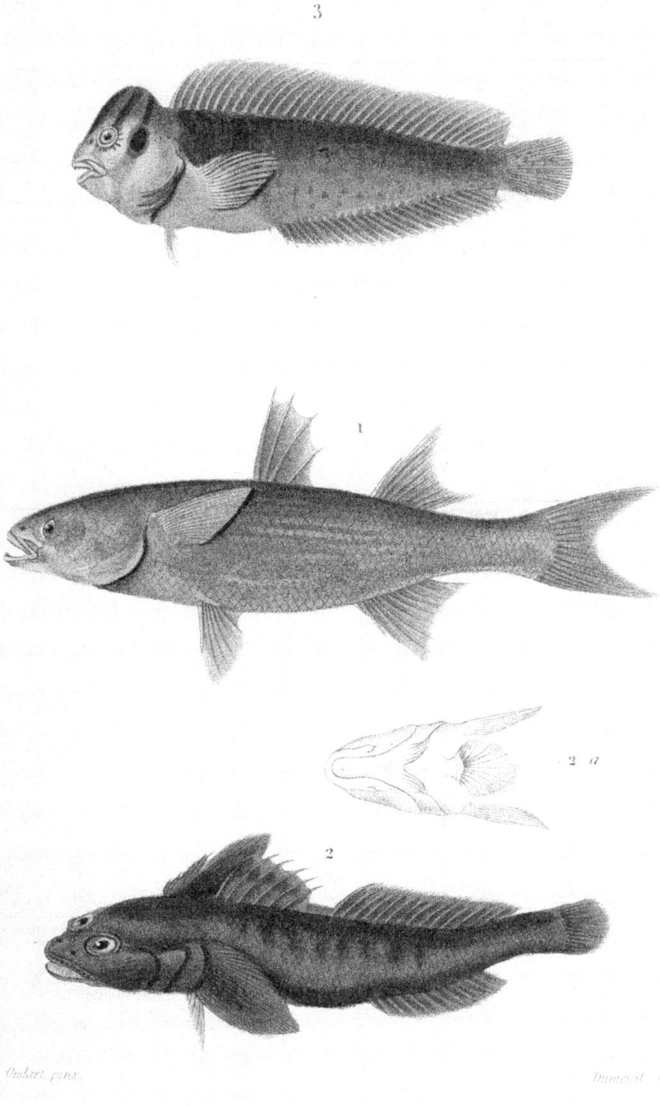

Oudart pinx. Dumenil sc.

ACANTHOPTÉRYGIENS
- MUGILOIDES. 1. *Muge céphale* (Mugil cephalus, *Lin.*) 1/5 de gr. n.
- GOBIOIDES. 2. *Gobie noir.* (Gobius niger, *Cuv. Val.*) 1/2 de gr. n.
- BLENNOIDES. 3. *Blennie paon.* (Blennius pavo *Risso*) de gr. n.

Pellian imp.

1.

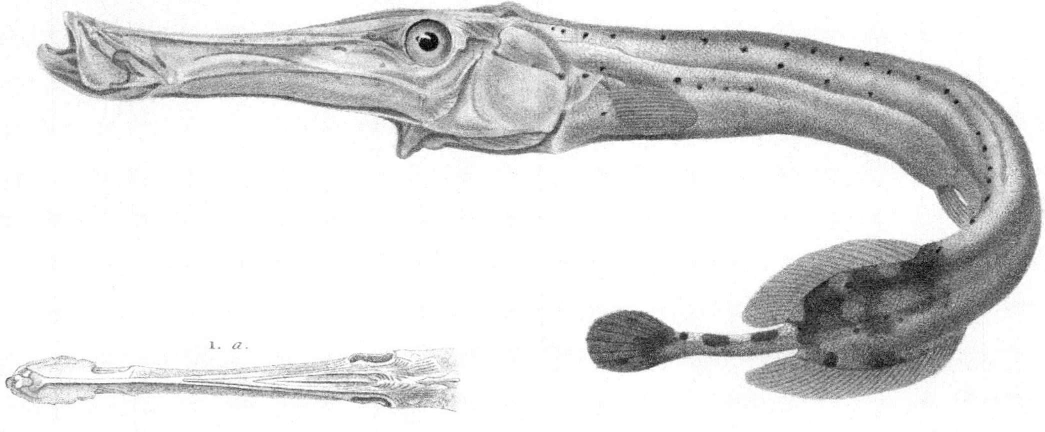

1. *a*.

Frank. pinx. *Oudet. sc.*

ACANTHOPTÉRYGIENS. BOUCHES EN FLÛTE. | *Aulostome tacheté*. (Aulostoma maculatum, *Lacép.*) 3/5 de gr. nat.

Folliau imp.

Ordre et Famille des MALACOPTÉRYGIENS. ABDOMINAUX. { 1. _Le Bécard._ (Salmo hamatus, _Cuv._) ¼ grand. nat. — 2. _La Carpe ordinaire, variété à cuir._ (Cyprinus carpio, varietas rex cyprinorum, _Linn._) ¼ gr. nat.

Imp. Fallan.

1.

2.

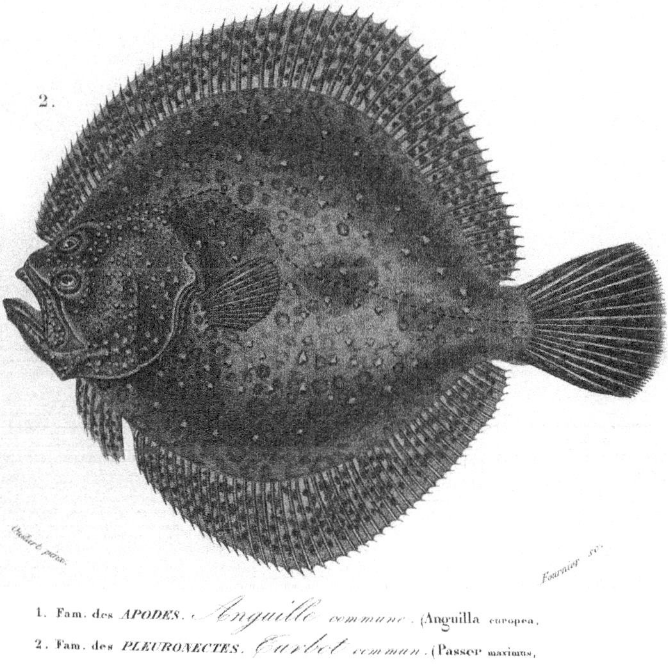

Oudart pinx. Fournier sc.

1. Fam. des *APODES*. *Anguille commune*. (Anguilla europea,

2. Fam. des *PLEURONECTES*. *Turbot commun*. (Passer maximus,

Lamoureux imp.

1.

2.

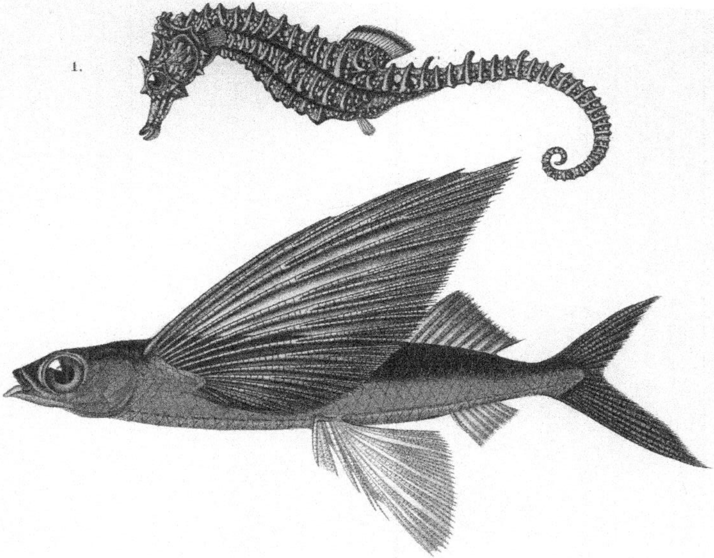

Oudart pinx. Fournier sc.

1. Ordre et Fam. des *LOPHOBRANCHES.* *Hippocampe pointillé.* (Hippocampus punctatus.

2. Fam. des *EXOCETS.* *Exocet volant.* (Exocœtus volitans, *Linn.*)

Lamoureux imp.

PLECTOGNATHES { GYMNODONTES _ 1. *Diodon à six taches* (Diodon sex maculatus, *G. Cuvier.*) 1a *Sa tête vue de face.*
SCLERODERMES _ 2. *Ostracion triquètre* (Ostracion triqueter, *Bl.*) 2a *Sa tête vue de face.*

Folliau imp.

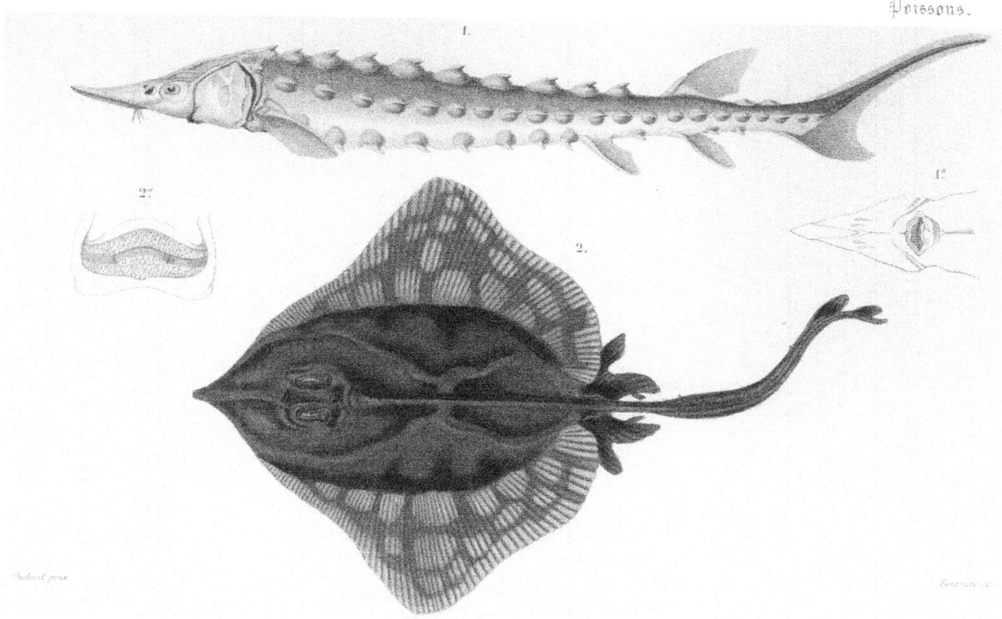

CHONDROPTÉRYGIENS. { STURIONIENS _ 1. *Esturgeon ordinaire* (Acipenser sturio, *Linn.*) 1a *Sa bouche vue en dessous.*
SÉLACIENS _ 2. *Raie de Gaimard* (Raia Gaimardi, *Val.*) 2a *Sa bouche vue en dessous.*

NIDIFICATION DES EPINOCHES.

Fig. 1. Epinoche *mâle construisant son nid* — *Fig.* 2. Epinoche *femelle pondant et assistée par le mâle propriétaire du nid* — *Fig.* 3. Epinochette *mâle agrandissant les ouvertures de son nid*.

Imp. Fallon, 10, Rue des trois Portes Paris

1

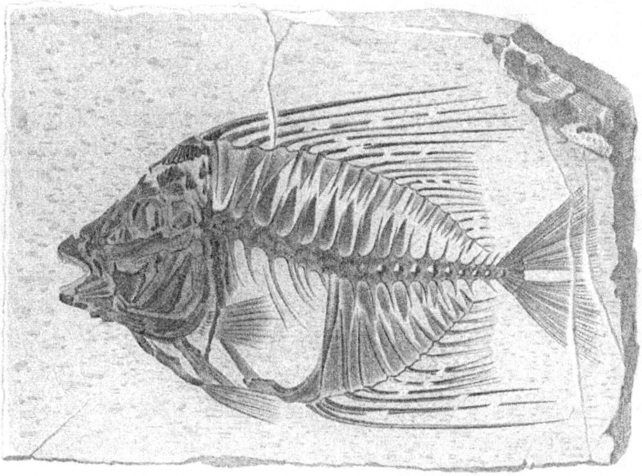

2

Oudart pinx. Fournier sc.

1. *Acanthonème filamenteux.* (**Acanthonemus** filamentosus, *Agas.*)
2. *Semiophore porte-voile* (**Semiophorus** velifer, *Agassiz*)

DE MONTE BOLCA.

1. *Bourdon de Dahlbom.* (Bombus Dahlbomii, *Guér.*) — 2. *Acanthope splendide.* (Acanthopus splendidus, *Fabr.*) — 3. *Xylocope tremblante.* (Xylocopa trepida, *Lep. St Farg.*) 4. *Mélecte ponctuée.* (Melecta punctata, *Fabr.*)

Follian imp.

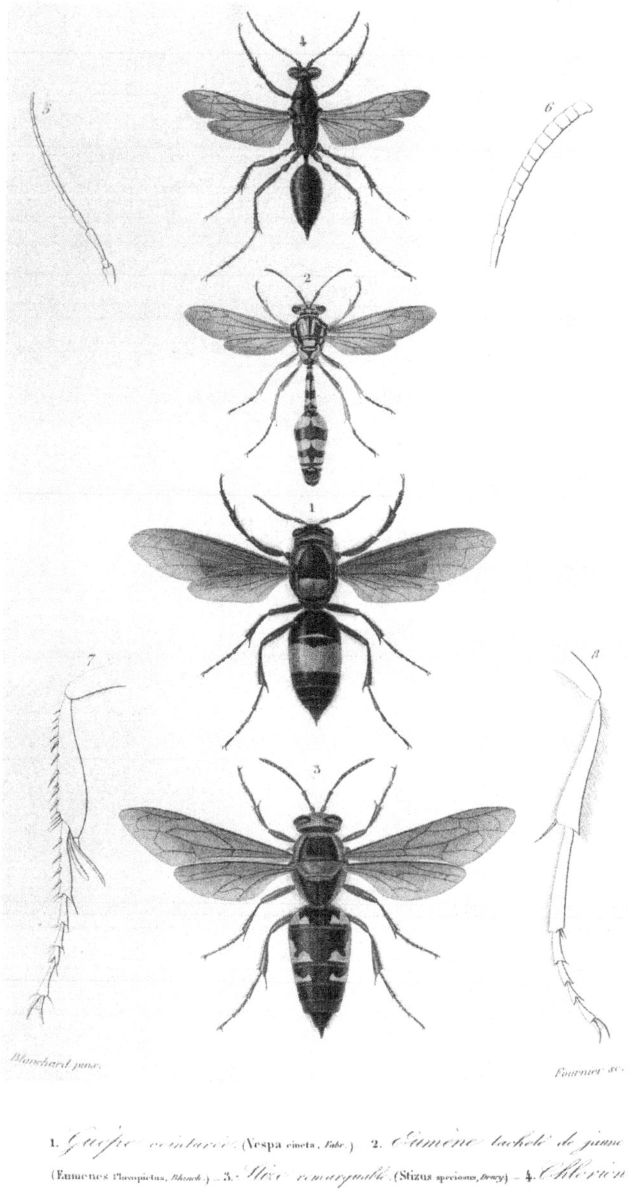

Blanchard pinx. Fournier sc.

1. *Guêpe ceinturée.* (Vespa cincta, *Fabr.*) — 2. *Eumène tacheté de jaune* (Eumenes flavopictus, *Blanch.*) — 3. *Stize remarquable.* (Stizus speciosus, *Drury*) — 4. *Chlorion lobé.* (Chlorion lobatum, *Fabr.*)

Fallian imp.

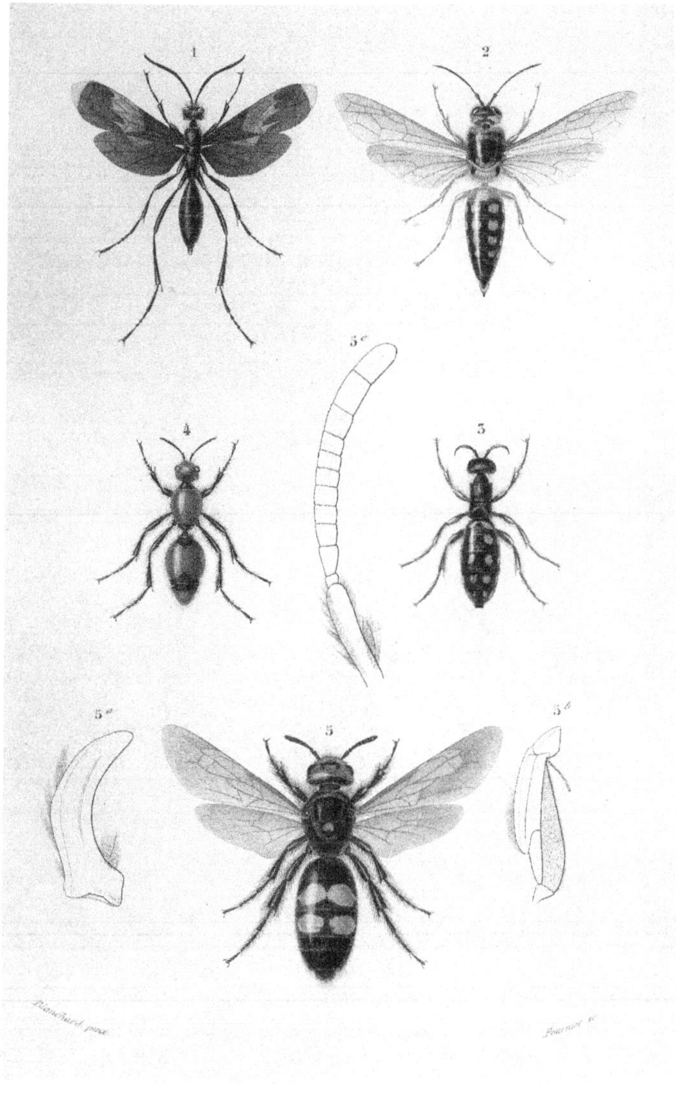

1. *Pepsis étoilé.* (Pepsis stellata, *Fab.*) — 2. *Thynne variable.* (Thynnus variabilis, *Kir.*) (*Mâle.*)
3. *Thynne variable.* (Thynnus variabilis, *Kir.*) (*Femelle.*) — 4. *Mutille rouge.* (Mutilla coccinea, *Fab.*)
5. *Scolie des jardins.* (Scolia hortorum, *Lin.*) (*Femelle.*)

Pollian imp.

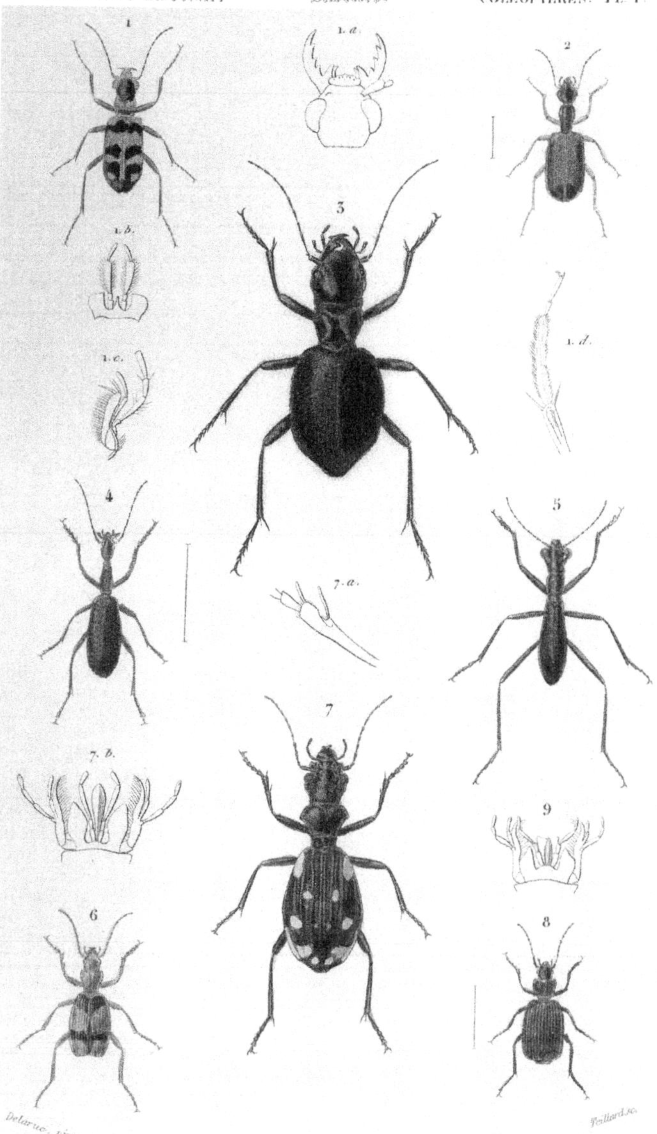

Delarue, pinx. Teillard sc.

CARABIQUES. 1. Cicindela chinensis, Fabr. — 2. Odacantha melanura, Fabr. — 3. Manticora maxillosa, Fabr.
4. Agra Latreillei, Dupont — 5. Tricondyla aptera, Oliv. — 6. Brachinus Succineus, Dej.
7. Anthia duodecim guttata, Bonelli — 8. Lebia fulvicollis, Fabr. — 9. Bouche de Graphipterus Multiguttatus

Folliau, imp.

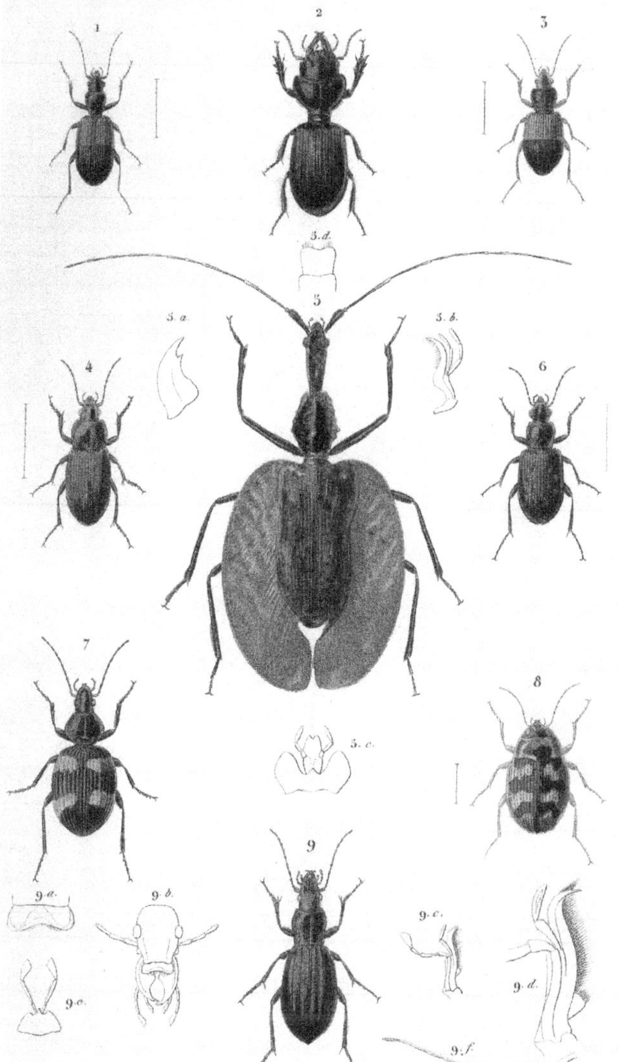

Delarue, pinx. Teillard sc.

CARABIQUES. 1. Peryphus eques, *Sturm* — 2. Scarites polyphemus, *Hoffm.* — 3. Ophonus Germanus, *Fabr.* 4. Pœcilus Lepidus, *Fabr.* — 5. Mormolyce phyllodes, *Hagenb.* — 6. Blethisa multipunctata, *Fabr.* 7. Panagæus Tomentosus, *Vigors.* — 8. Omophron Limbatum, *Fabr.* — 9. Carabus Solieri.

Fellian imp.

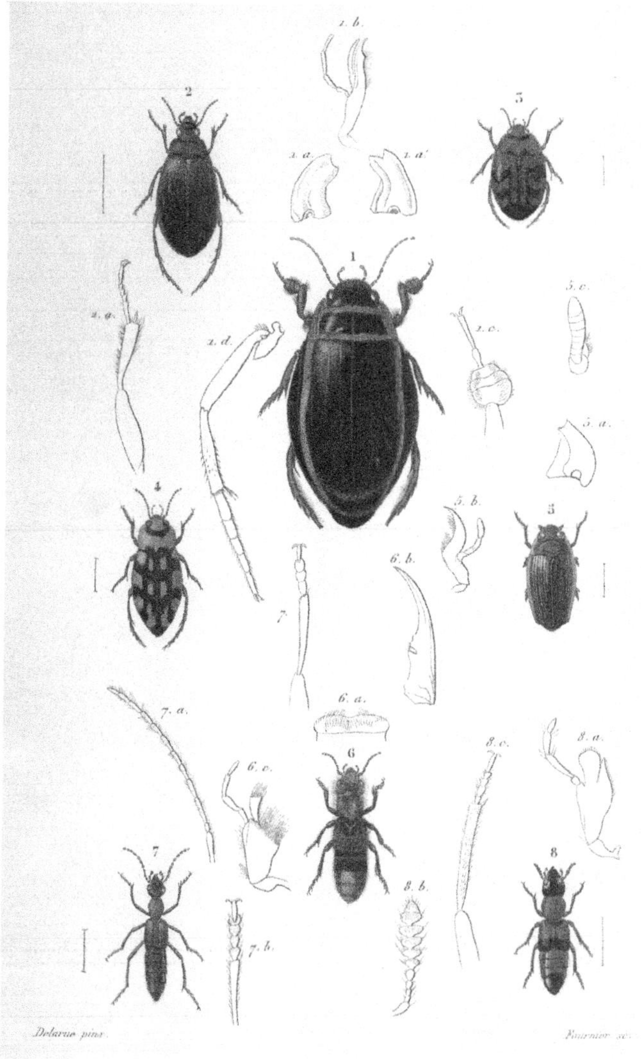

1. *Dytique très large*. (**Dyticus** latissimus, *Fabr.*) 2. *Hygrobie d'Hermann*. (**Hygrobia** Hermanni, *Fab.*)
3. *Hyphidre varié* (**Hyphidrus** variegatus, *Illig.*) 4. *Hydropore à 12 pustules*. (**Hydroporus** duodecimpustulatus, *Fab.*)
5. *Gyrin strié*. (**Gyrinus** strigosus, *Fabr.*) 6. *Staphylin hérissé*. (**Staphylinus** hirtus, *L.*)
7. *Pædère à cou rouge*. (**Pæderus** ruficollis, *Grav.*) 8. *Oxypore roux*. (**Oxyporus** rufus, *Fab.*)

Langlois imp.

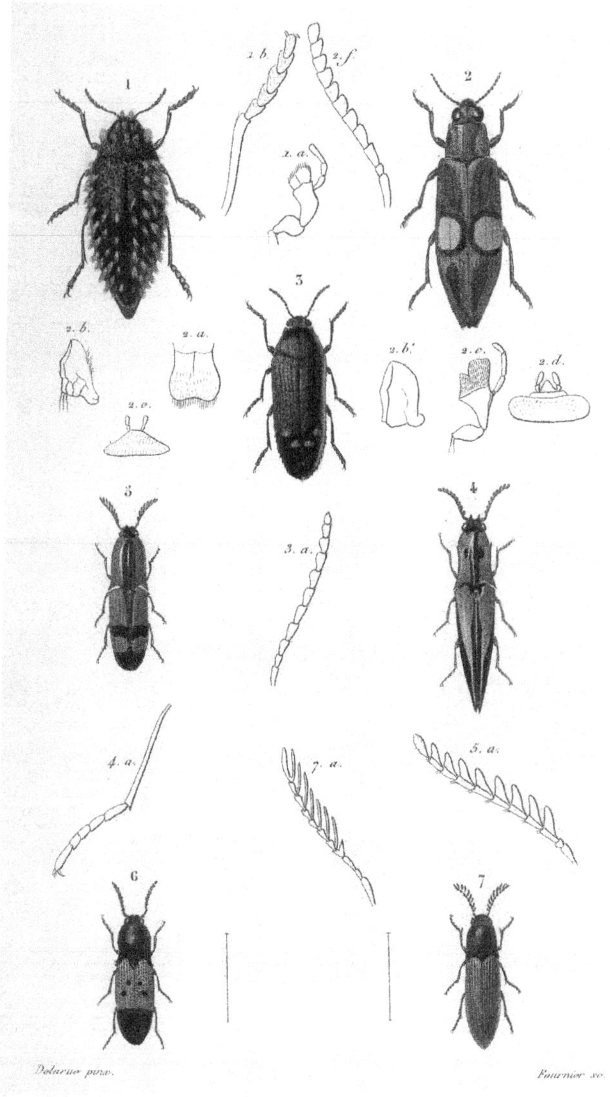

1. *Iulodis à bouquets.* (Iulodis cirrosa, *Schoenh.*) 2. *Chrysochroa ocellée* (Chrysochroa ocellata, *Fabr.*)
3. *Stigmodère empereur* (Stigmodera imperator, *Gory*) 4. *Semiote sutural.* (Semiotus suturalis, *Fabr.*)
5. *Cténicère noble* (Ctenicera nobilis, *Illig.*) 6. *Monocrépidie illustre.* (Monocrepidius illustris, *Klug.*)
7. *Phyllocère à élytres jaunes* (Phyllocerus flavipennis, *Dej.*)

Langlois imp.

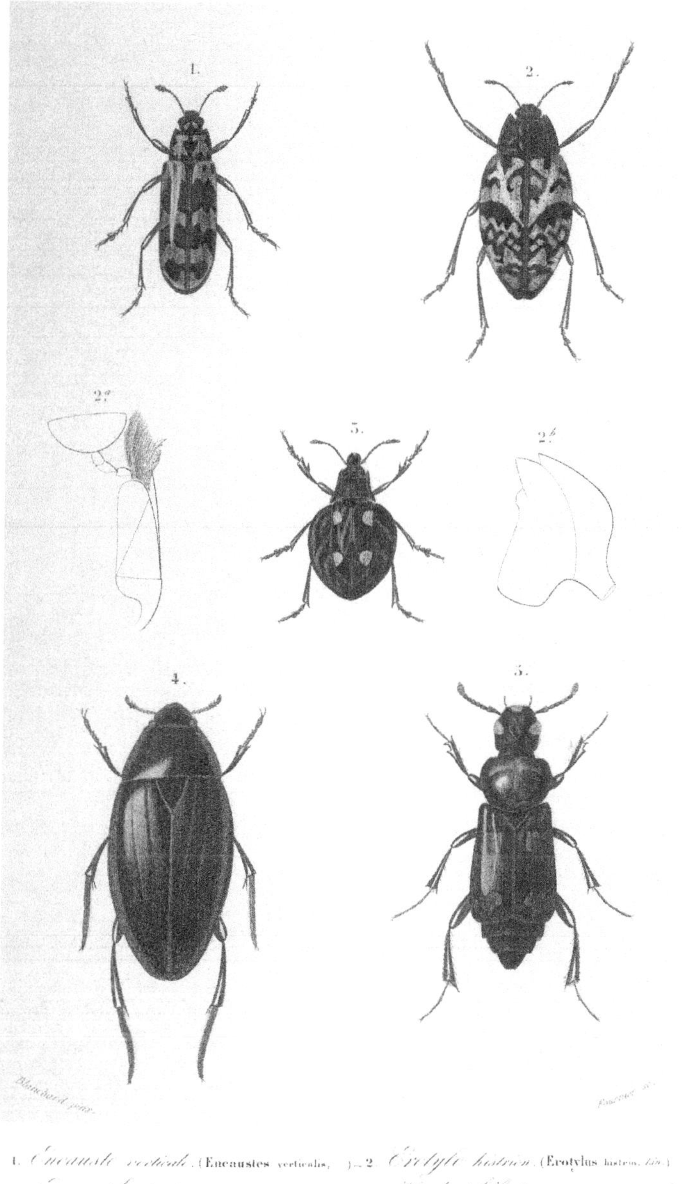

1. *Encauste verticale.* (Encaustes verticalis,)_ 2. *Erotyle histrion.* (Erotylus histrio, Fab.)
3. *Eumorphe bordé.* (Eumorphus marginatus, Fab.) _ 4. *Hydrophile brun.* (Hydrophilus piceus, Lin.)
5. *Nécrophore grand.* Necrophorus grandis, Fab.)

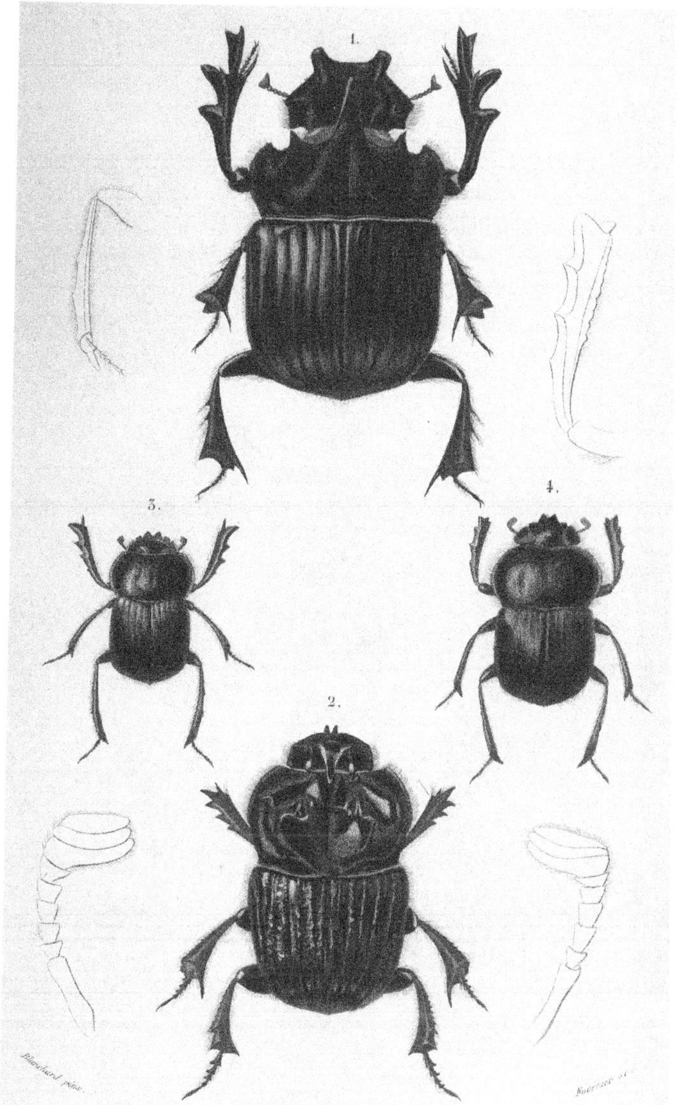

1. *Copris d'Isis.* (Copris Isidis, *Savigny.*) 2. *Phanée lucifer.* (Phanæus lucifer, *Fabr.*)
3. *Ateuchus des Egyptiens.* (Ateuchus Ægyptiorum, *Latr.*) *Mâle.* 4. *Le même, femelle.*

Ballian imp.

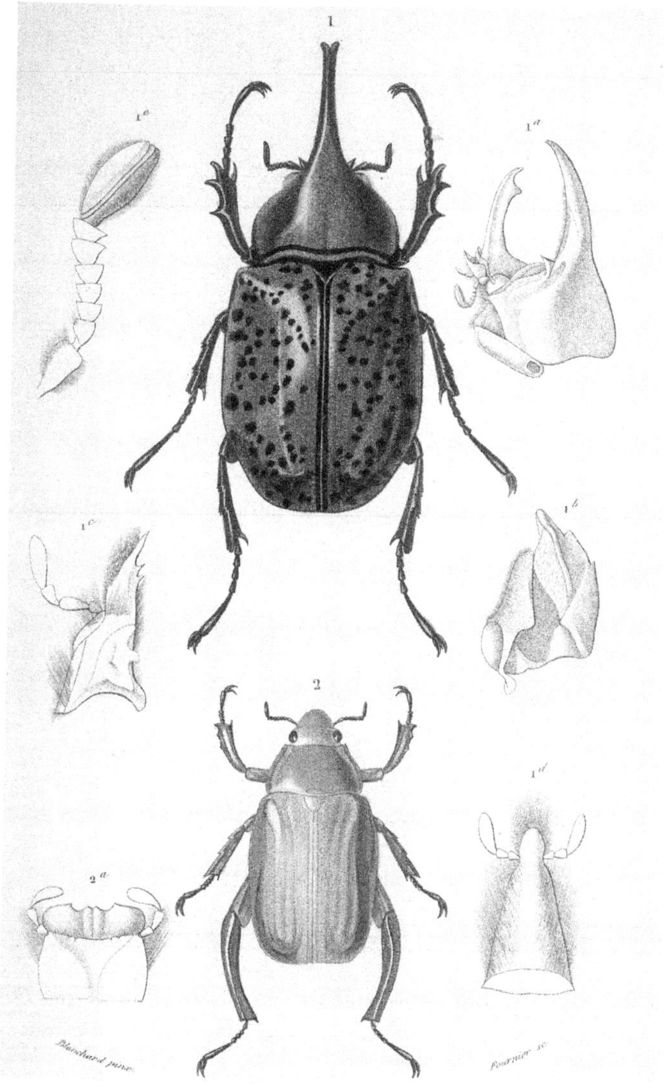

1. *Scarabée hyllus.* (Scarabæus hyllus, *Chevrol.*)
2. *Chrysophore à grandes pattes.* (Chrysophora macropa, *mâle, Franc.*)

Folleau imp.

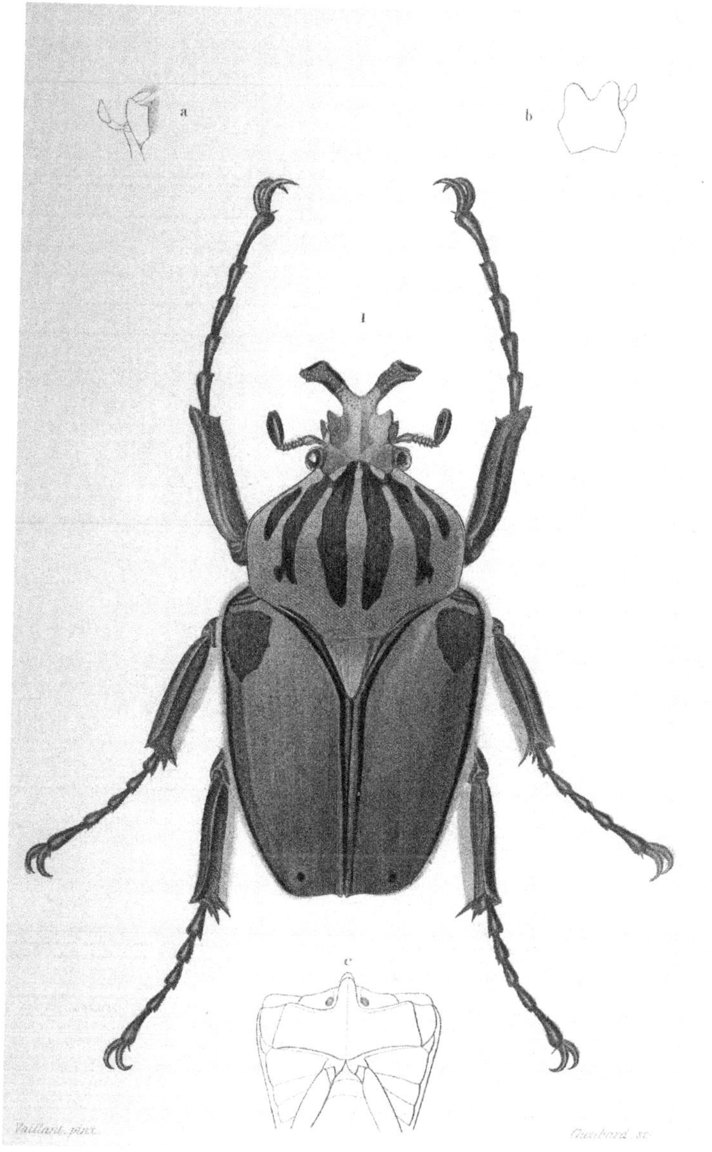

CÉTONIDES { 1 Goliath cacique (Goliathus cacicus, Fab.)
a, b, c. Caractères génériques.

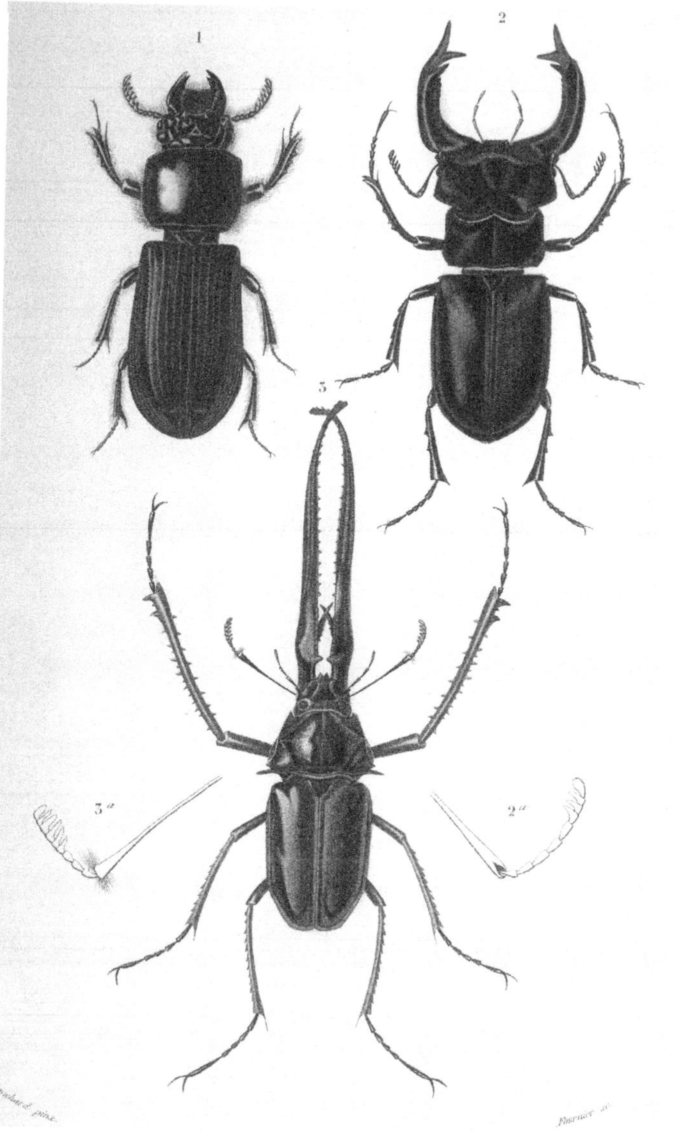

1. *Passale à trois dents.* (Passalus tridens, *Wiedem.*) _ 2. *Lucane cerf-volant.* (Lucanus cervus, *Lin.*)
3. *Chiasognathe de Grant.* (Chiasognathus Grantii, *Steph.*)

Bellian imp.

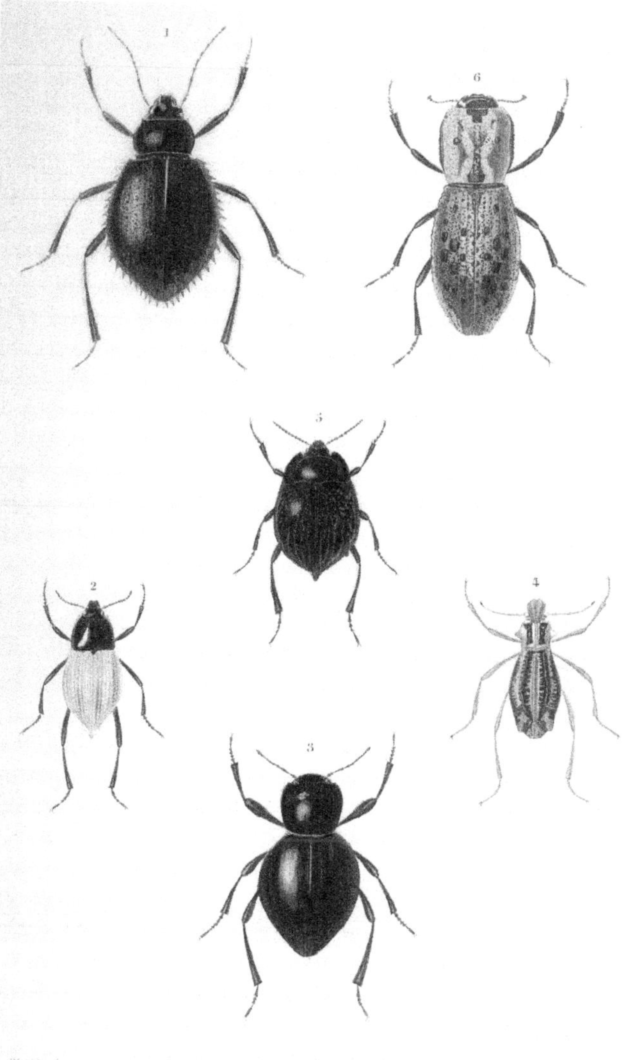

Blanchard pinx. Fournier sc.

1. Pimélie couronnée. (Pimelia coronata, Oliv.) 2. Adesmie à élytres blanches. (Adesmia candidipennis, De Brème.) 3. Moluris strié. (Moluris striata, Fabr.) 4. Sépidie à crête. (Sepidium cristatum, Herbst.) 5. Gyriosome de Hope. (Gyriosoma Hopei, Gray.) 6. Zophère remarquable. (Zopherus insignis, Blanch.)

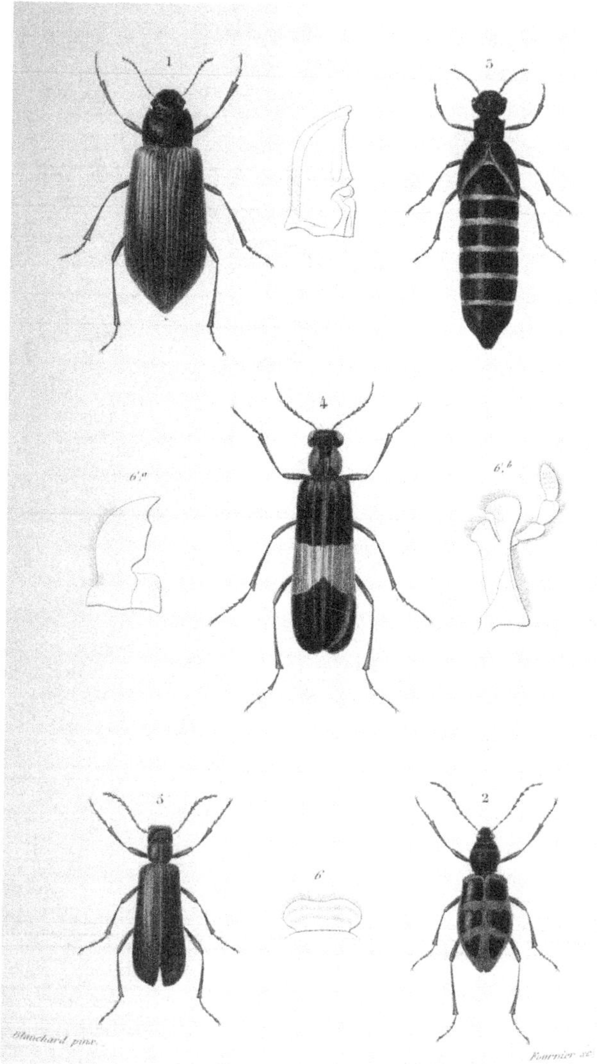

1. *Camarie grande.* (Camaria grandis, *Blanch.*) — 2. *Prostène orné de rouge* (Prostenus rubronotatus, *Blanch.*) — 3. *Méloé de mai* (Meloe majalis, *Fab.*) — 4. *Mylabre à bandes.* (Mylabris fasciata, *Fabr.*) — 5. *Lytte géante* (Lytta gigas, *Fab.*)

Langlois imp.

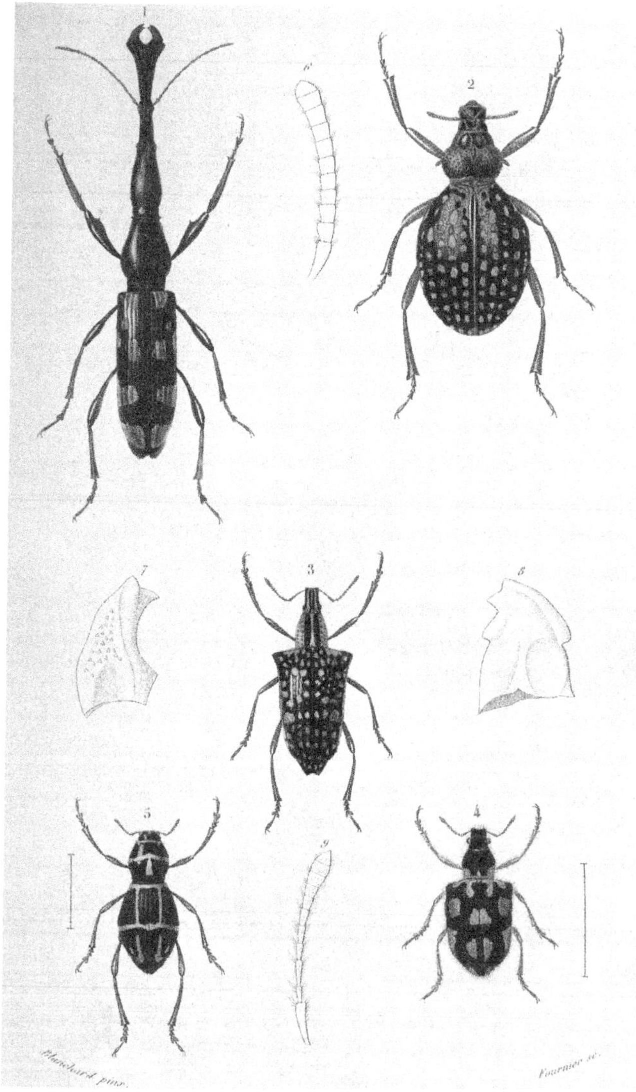

1. *Brente de Temminck.* (Brentus Temminckii. *Latr.*) *Mâle.* — 2. *Brachycère sacré.* (Brachycerus sacer. *Latr.*) — 3. *Entime splendide.* (Entimus splendidus. *Fabr.*) — 4. *Cyphus de Linné.* (Cyphus Linnaei. *Sch.*) — 5. *Pachyrhynque élégant.* (Pachyrhynchus concinnus, *Waterh.*)

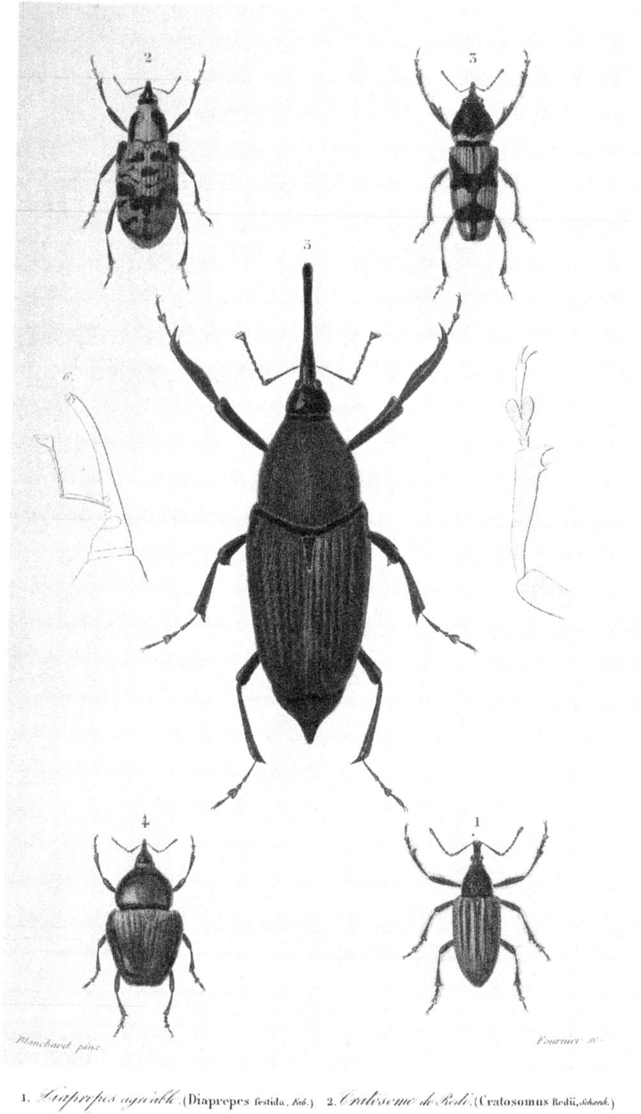

Blanchard pinx. *Fournier sc.*

1. *Diaprepes agréable.* (Diaprepes festida, *Fab.*) 2. *Cratosome de Redi.* (Cratosomus Redii, *Schœnk.*)
3. *Amérhine de Dufresne.* (Amerhinus Dufresnii, *Kirby.*) 4. *Eurhine cuivreux.* (Eurhinus cupratus, *Illig.*)
5. *Calandre héros.* (Calandra heros, *Latr.*)

Langlois imp.

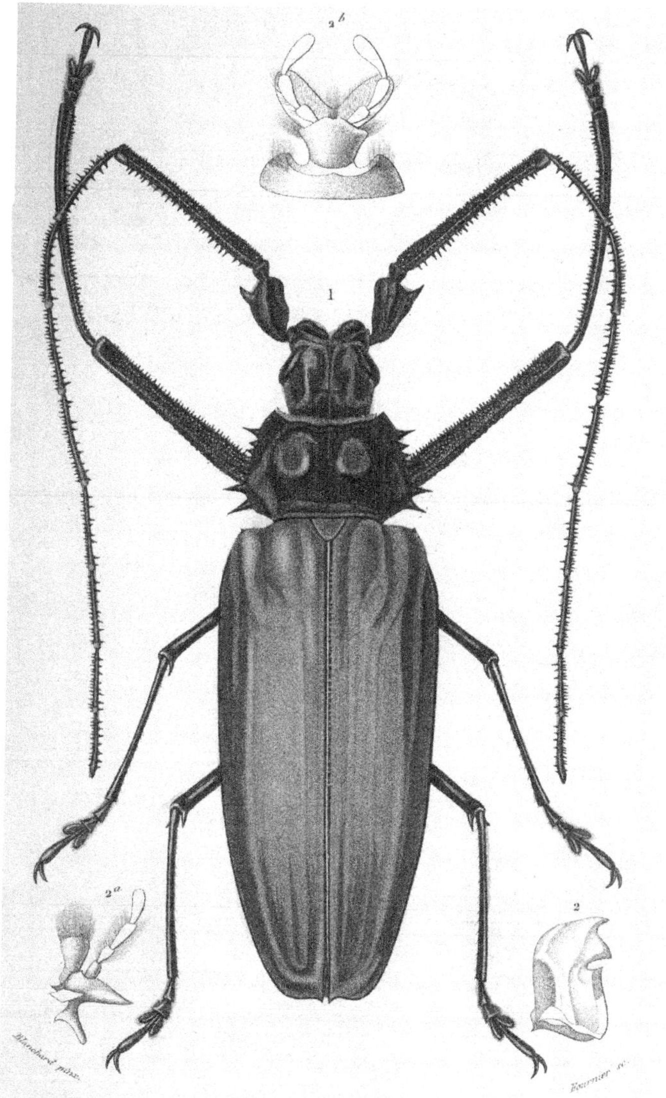

1. *Enoplocère épineur.* (Enoplocerus armillatus, *Lin.*)

Kolthan imp.

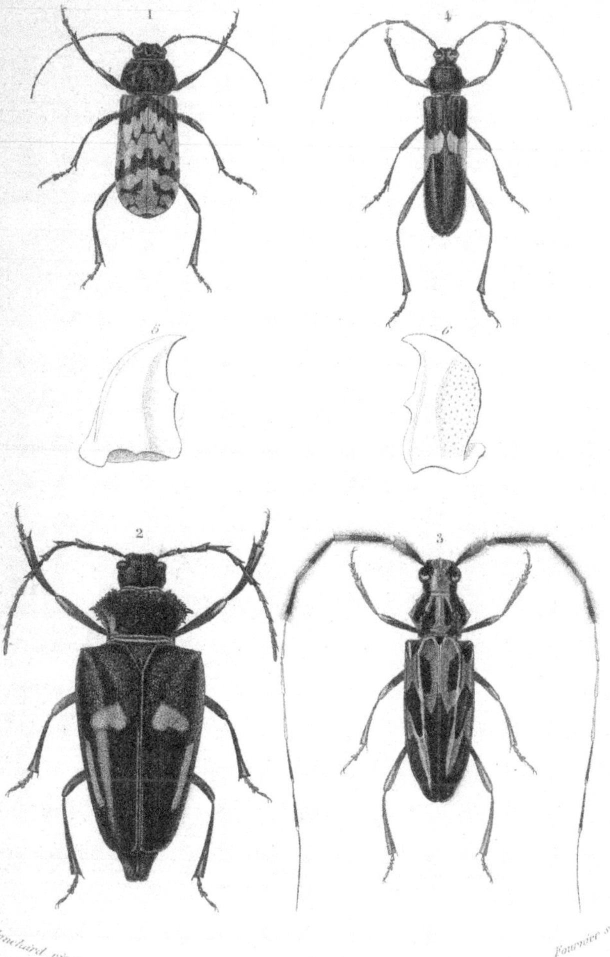

Blanchard pinx. Fournier sc.

1. *Pœcilosome versicolore.* (Pœcilosoma versicolor, *Dej.*) — 2. *Calocome de Desmarest.* (Calocomus Desmarestii, *Guér.*) — 3. *Lophonocère à antennes velues.* (Lophonocerus hirticonis, *Schoenh.*) — 4. *Callichrome à bandes jaunes.* (Callichroma flavo-fasciata, *Blanch.*)

Pollian imp.

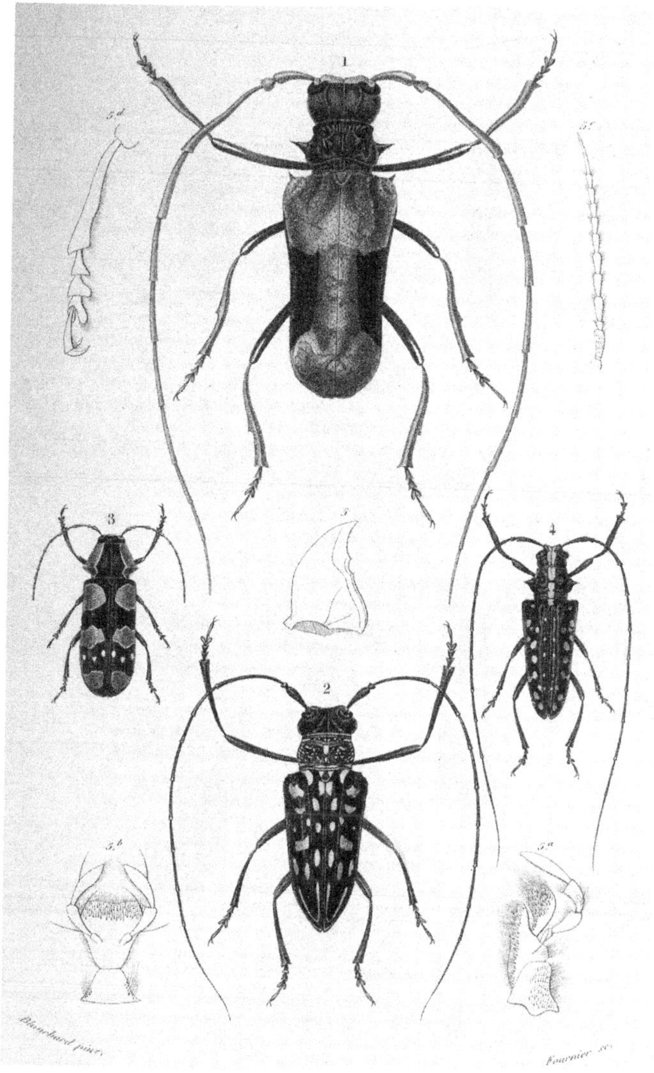

1. *Pétrognathe géant.* (Petrognatha gigas, *Fabr.*) — 2. *Stellognathe tacheté.* (Stellognatha maculata, *Oliv.*) — 3. *Tragocéphale jolie.* (Tragocephala formosa, *Oliv.*) — 4. *Tæniote orné.* (Tæniotes decoratus, *Lap. de Cast.*)

Fallina imp.

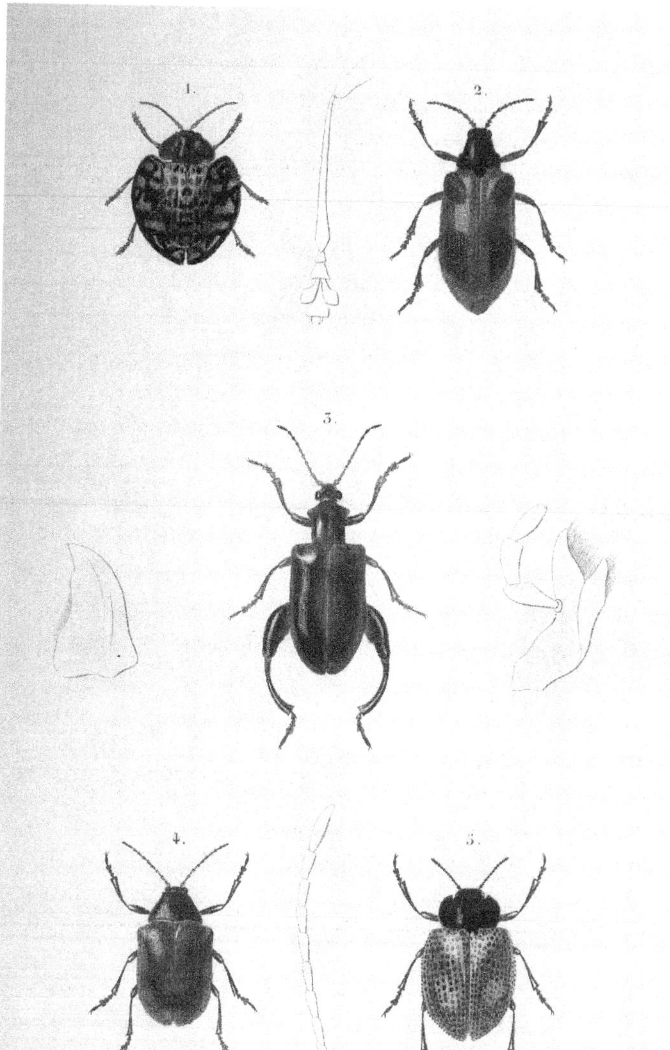

1. *Sagre de Boisduval.* (**Sagra** Boisduvalii, *Dej.*) 2. *Alurne à quatre taches.* (**Alurnus** quadrimaculatus, *Guér.*)
3. *Eugényse grande.* (**Eugenysa** grossa, *Fabr.*) 4. *Eumolpe éclatant.* (**Eumolpus** fulgidus, *Oliv.*)
5. *Doryphore très ponctuée.* (**Doryphora** punctatissima, *Fabr.*)

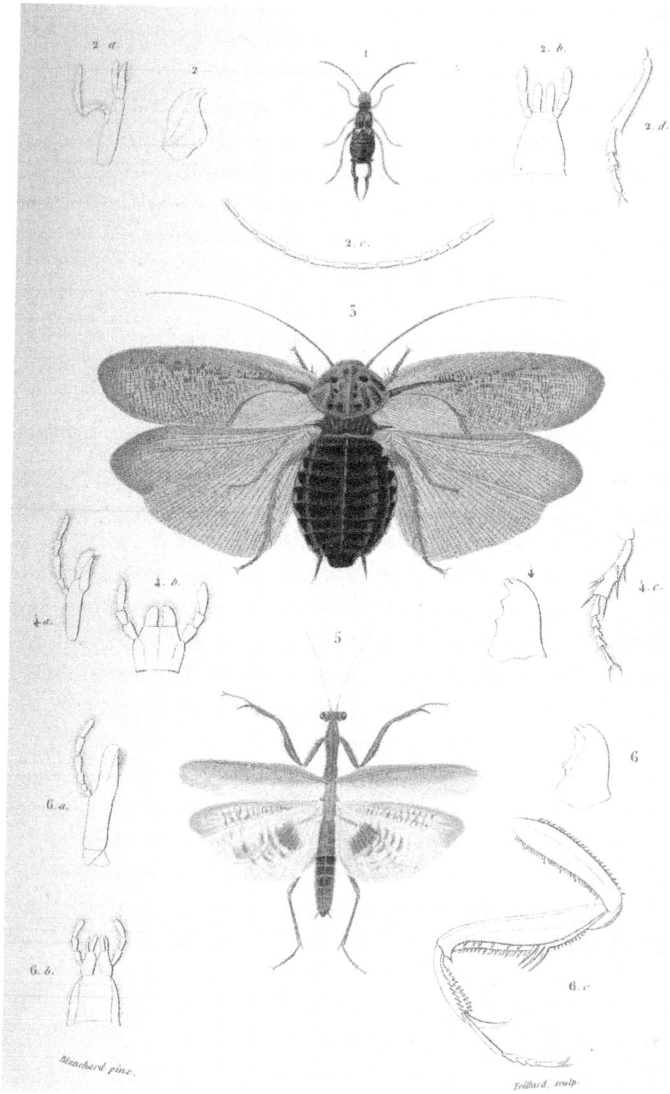

FORFICULIENS. 1. Forficule à deux taches. (Forficula biguttata, Fab.) — 2. Détails de la Forficula auricularia, Lin.
BLATTIENS. 3. Blatte de Madère. (Blatta maderæ, Fab.) — 4. Détails de la Blatta americana, Lin.
MANTIENS. 5. Mante prêcheuse. (Mantis oratoria, Lin.) — 6. Détails de la Mantis religiosa, Lin.

Fallian imp

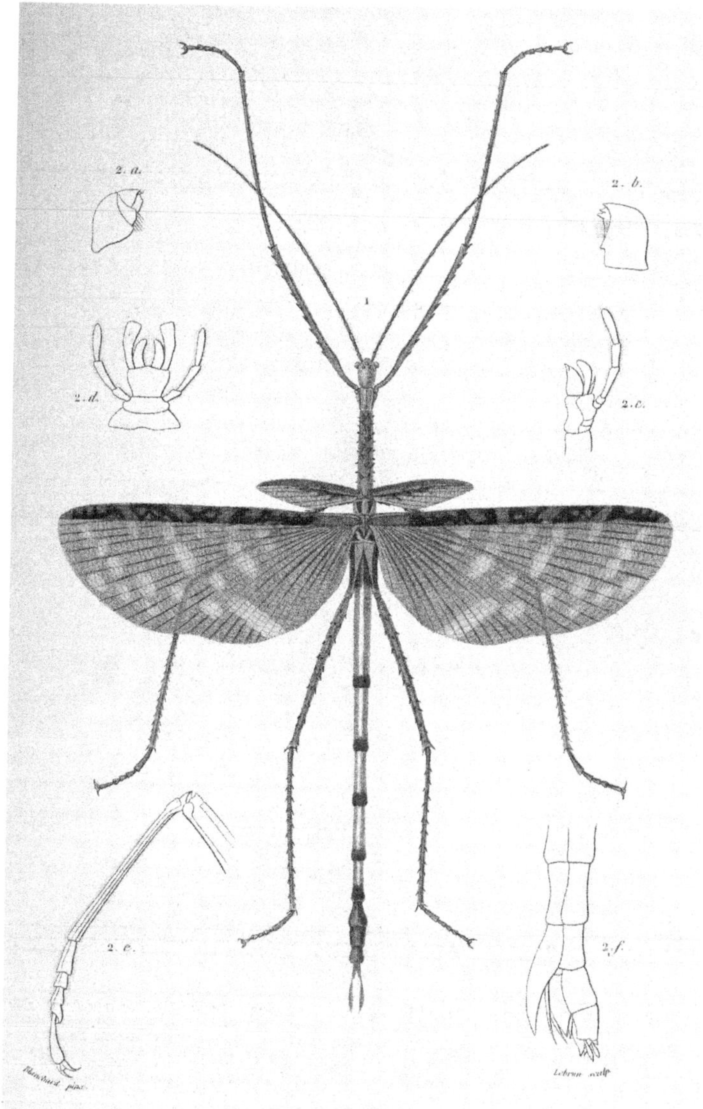

PHASMIENS
1. *Cyphocrane titan, måle,* (Cyphocrana titan, *Gray*).
2. *détails du* Phasma bioculatum *Stoll (a. mandibule gauche, b. mandibule droite; c. mâchoire; d. lèvre inférieure; e. patte antérieure; f. extrémité abdominale de la femelle.)*

Fulliau imp.

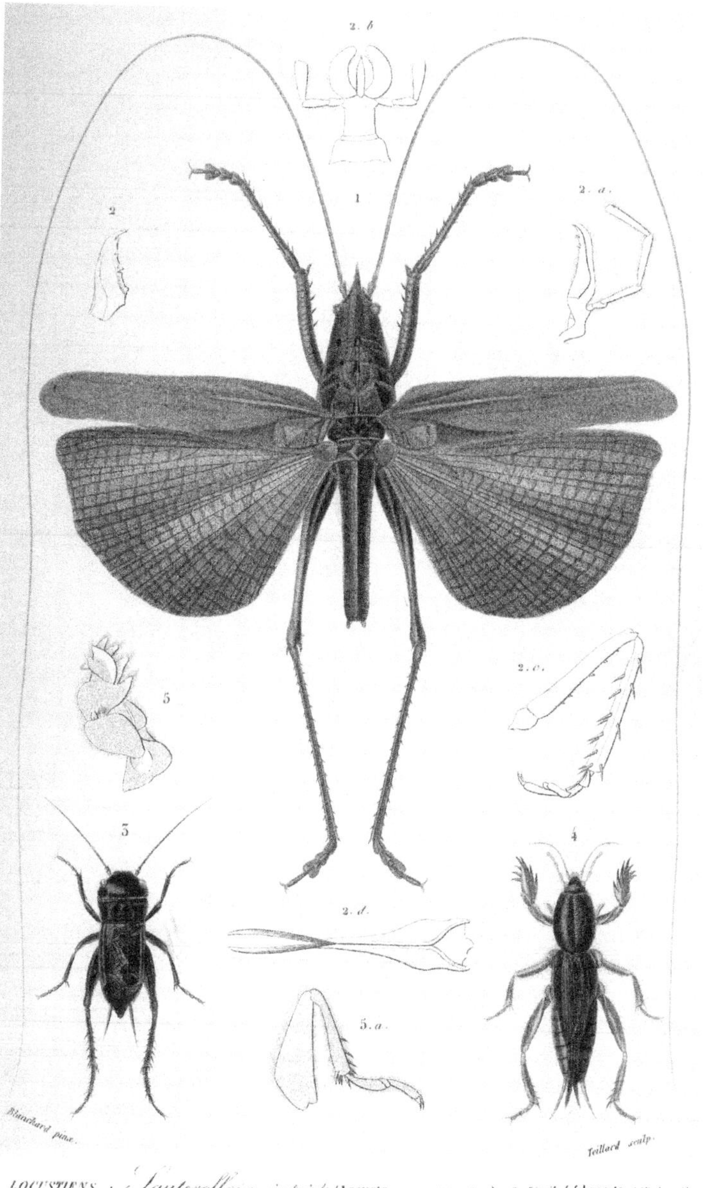

Blanchard pinx. Teillard sculp.

LOCUSTIENS. 1. *Sauterelle à six points.* (Locusta sexpunctata, *Serv.*) — 2. *Détails de la* Locusta viridissima, *Lin.*

GRILLONIENS. 3. *Grillon champêtre.* (Gryllus campestris, *Lin.*) — 4. *Taupe-grillon luisant.* (Gryllotalpa nitidula, *Serv.*) — 5. *Détails du* Gryllotalpa vulgaris, *Latr.*)

Fallian imp.

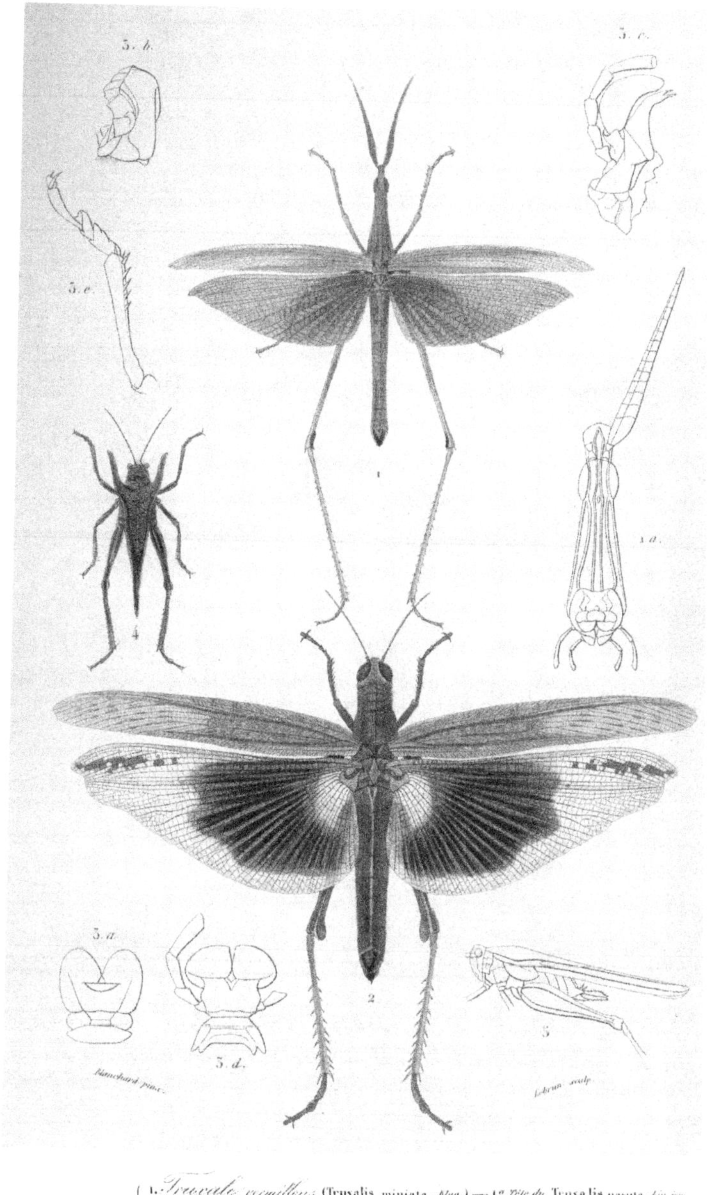

ACRIDIENS { 1. Truxale vermillon. (Truxalis miniata, Klug.) — 1a. Tête du Truxalis nasuta, Lin. vue de face. 2. Criquet triste. (Acridium moestum, Serv.) — 3. Détails de l'Acridium dux. — 4. Tetrix lucifer. (Tetrix lucifer, Serv.) — 5. Tetrix subulatus vu de profil.

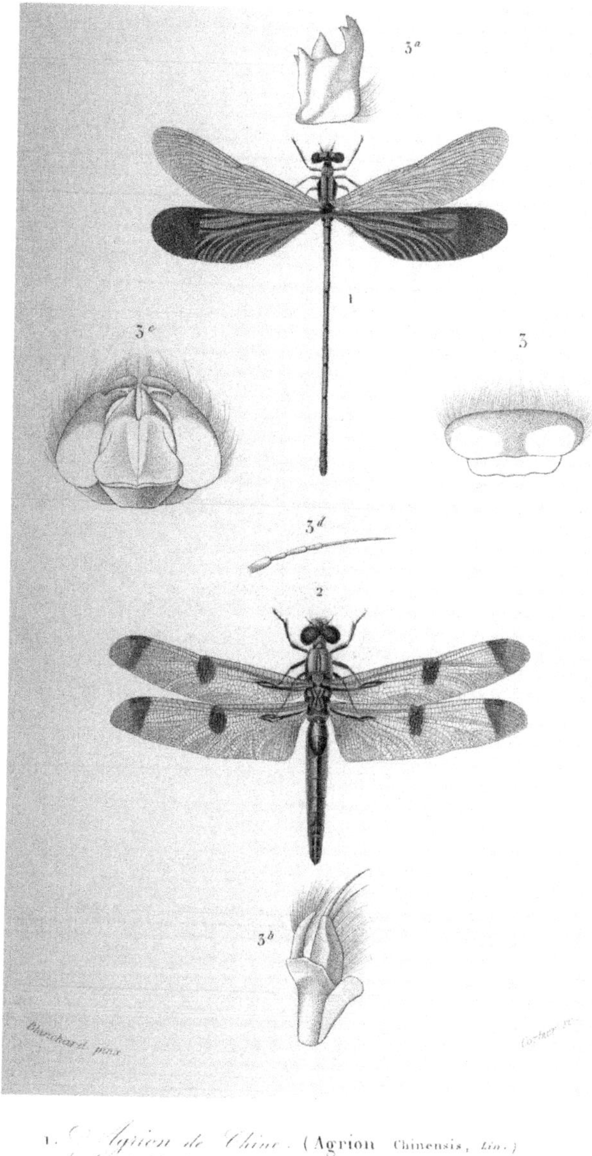

1. Agrion de Chine. (Agrion Chinensis, Lin.)
2. Libellule hersilie (Libellula hersilia, Blanch.)
3. Details de la Libellule déprimée (Libellula depressa Lin.)

Falliot imp.

1. *Corydale cornu.* (Corydalis cornutus, *Lin.*) *Mâle.* — 2 et 3 *Machoire et Lèvre inférieure du même.*

1. *Ascalaphe macaron.* (**Ascalaphus** macaronius, *Scop.* ; *A. C. Nigrum, Latr.*)
2. *Myrméléon libelluloïde* (**Myrmeleon** libelluloides, *Lin.*) _ 3. *Némoptère sinuée.*
(**Nemoptera** sinuata, *Oliv.*)

PAPILLONIDES { 1. Ornithoptère de Durville (Ornithoptera Urvilliana, Guérin.) Vu en dessous.
a, b, c. Caractères génériques.

Folliau imp.

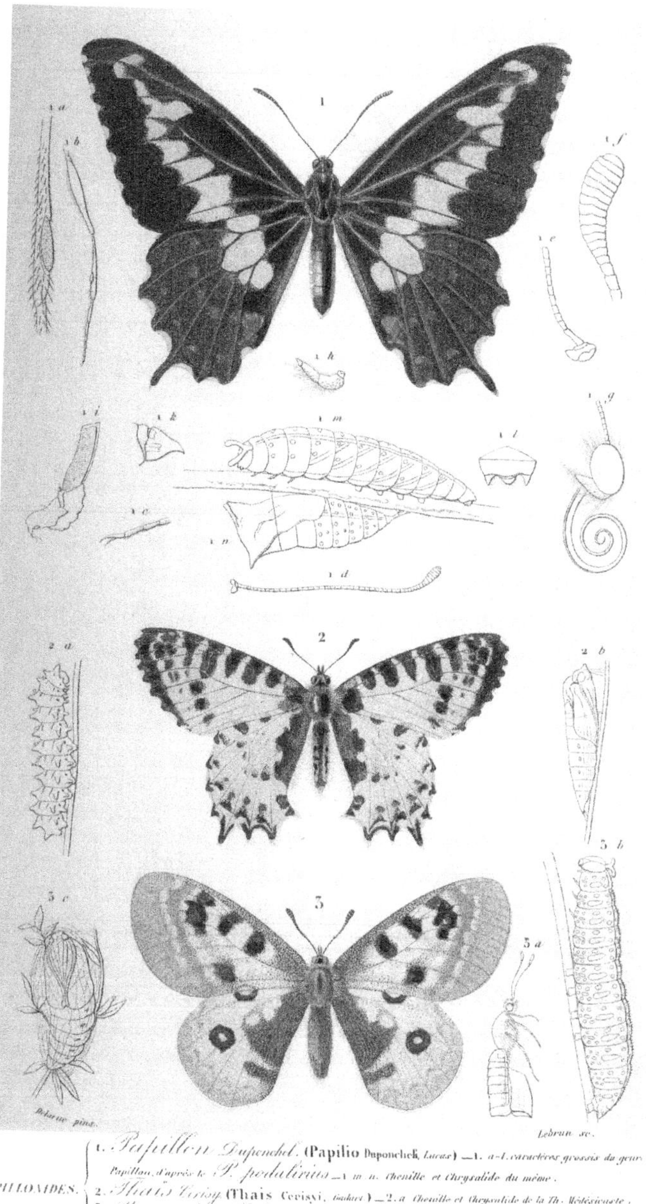

Lebrun sc.

PAPILLONIDES.
1. *Papillon Duponchel.* (Papilio Duponchelii, *Lucas*) — 1. *a-l. caractères grossis du genre Papillon, d'après le P. podalirius — 1 m. n. Chenille et Chrysalide du même.*
2. *Thaïs Cerisy.* (Thais Cerisyi, *Godart*) — *2. a Chenille et Chrysalide de la Th. Médésicaste.*
3. *Parnassien Phœbus.* (Parnassius Phœbus, *Hübner*) *3. a Corps du Parn. Apollon ♀ vu de profil — 3. b.c. Chenille et corps du même.*

Pellisar imp.

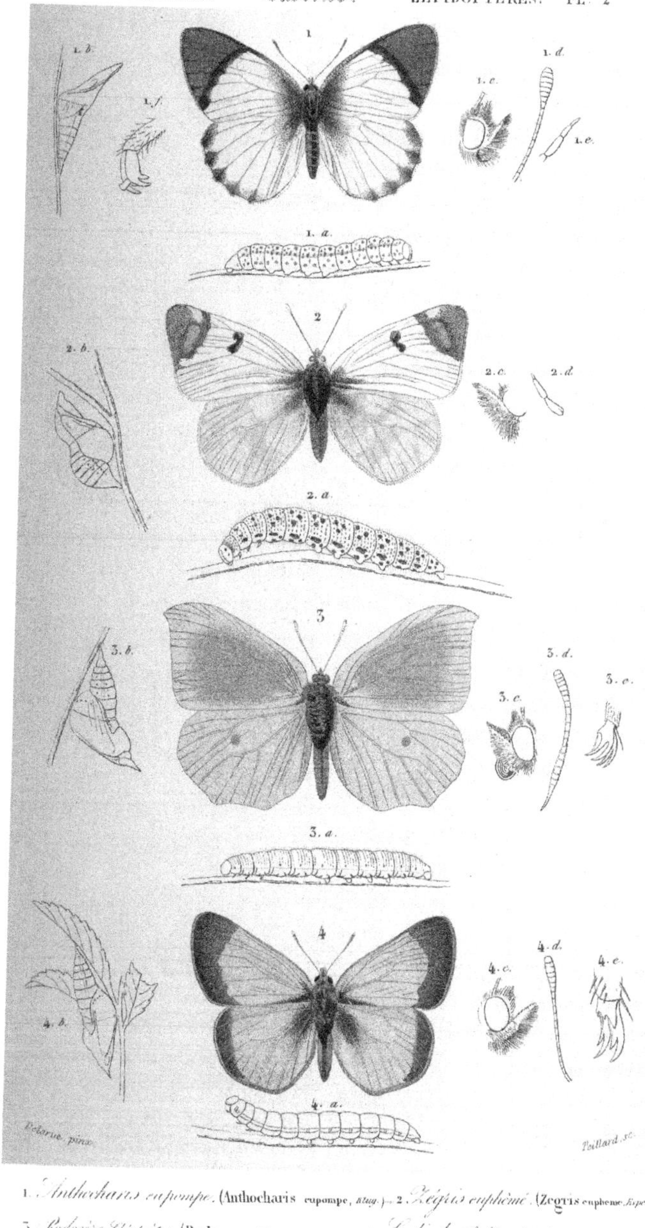

1. *Anthocharis eupompe*. (Anthocharis eupompe, *Klug*.) — 2. *Zégris euphémé*. (Zegris eupheme, *Esper*.)
3. *Rodocère Cléopatre*. (Rodocera Cleopatra, *Linn*.) — 4. *Coliade Paléno*. (Colias palæno, *Linn*.)

Pellieu imp.

1. *Danaïde archippus.* (Danais archippus, *Cram.*) — 2. *Péridromie amphinome.* (Peridromia amphinome, *Lin.*) — 3. *Héliconie doris.* (Heliconius doris, *Lin.* (*Erato* ?))

Follian imp.

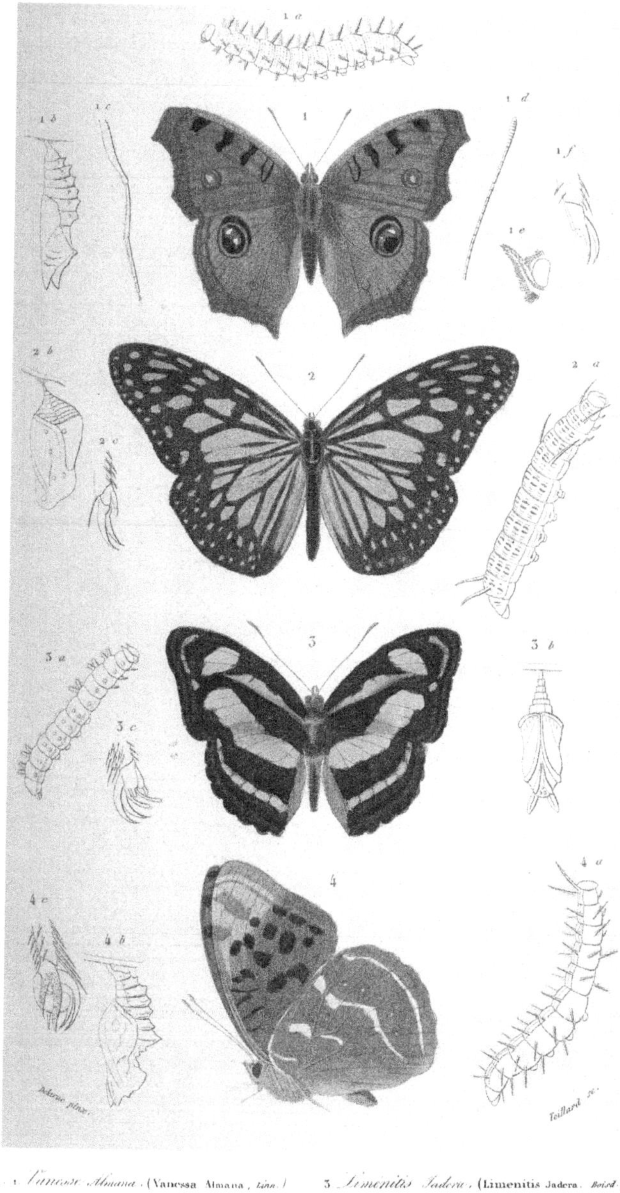

1 *Vanesse Almana*. (Vanessa Almana, *Linn.*) 3 *Limenitis Jadera*. (Limenitis Jadera. *Boisd.*)

2 *Danaïde Juventa*. (Danais Juventa, *Cram.*) 4 *Argynne Pandore*. (Argynnis Pandora, *Fabr.*)

Fallhau imp.

NYMPHALIDES { 1. Morphe adonis (Morpho adonis, Cram.)
{ 2. a, b. Pavonie anaxandre (Pavonia anaxandra, God.) en dessus et dessous.

Fellian imp.

1. *Hétère philoctète.* (Hætera philoctetes, *Lin.*) 2. *Hyade d'Horsfield.* (Hyades Horsfieldii, *Boisd.*)
3. *Eudame versicolore.* (Eudamus versicolor, *Fabr.*)

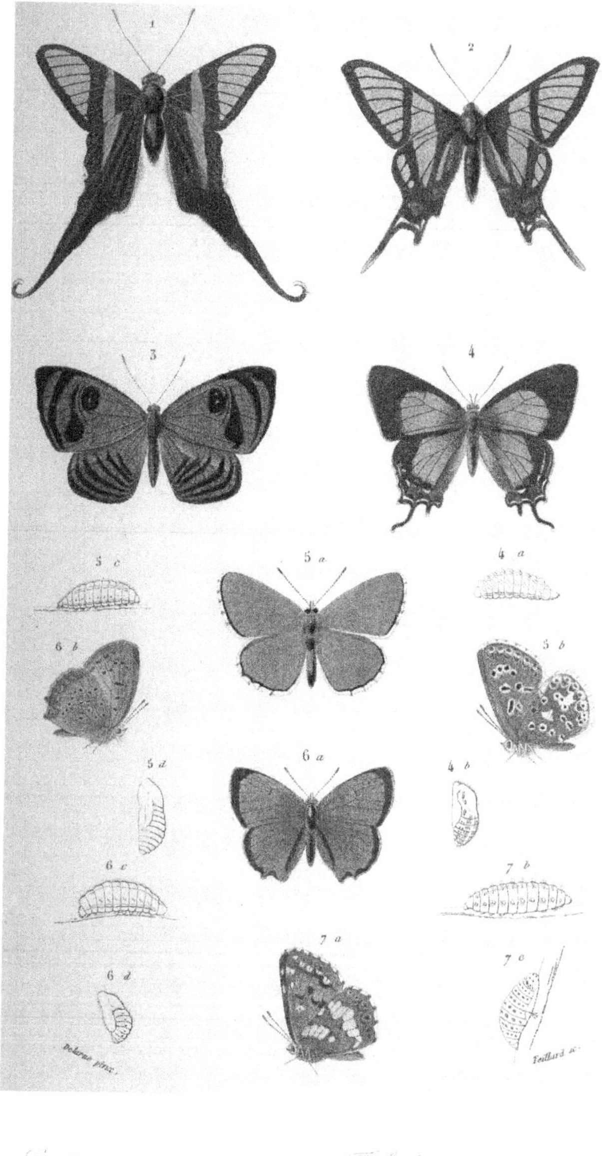

1 *Leptocirque Curius.* (Leptocircus Curius, *Fabr.*) 4 *Thècle Evagoras.* (Thecla Evagoras, *Donov.*)
2 *Erycine de Morisse.* (Erycina Morissei, *Boisd.*) 5 *Lycène Adonis.* (Lycæna Adonis, *Fabr.*)
3 *Diophtalme Crésus.* (Diophtalma Cresus, *Fabr.*) 6 *Polyommate Ottoman.* (Polyommatus Ottomanus, *Lefèbv.*)
7. *Némeobie Lucine.* (Nemeobius Lucina, *Linn.*)

Fallion imp.

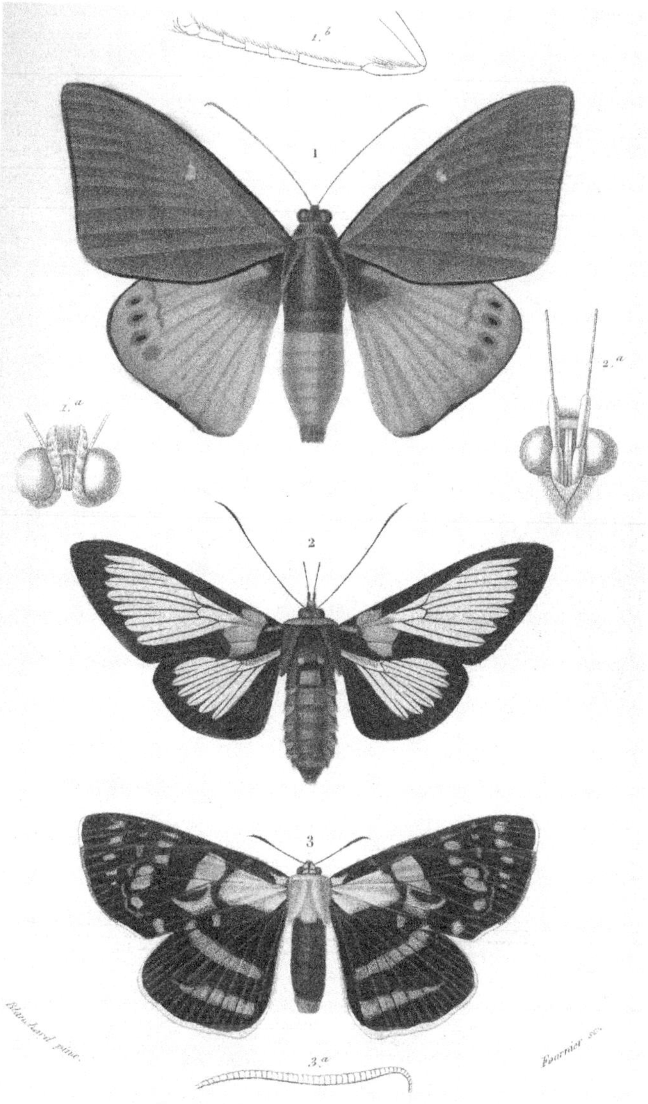

1. *Castnie japyx.* (Castnia japyx, *Hubn.*) — 2. *Cocytie Durville.* (Cocytia Urvillæi, *Boisd.*)
3. *Agariste peinte.* (Agarista picta, *Leach.*)

Folliau imp.

Blanchard pinx. Fournier sc.

1. *Macroglosse pelage.* (Macroglossa pelagus, *Cram.*) _ 2. *Deilephile du laurier rose.* (Deilephila nerii, *Lin.*) _ 3. *Syntomide élégante.* (Syntomis formosa, *Boisd.*)

Gallais imp.

1. *Sphinx tête de mort* (Acherontia atropos, *Lin.*) — 2. *Zygène de la filipendule* (Zygæna filipendulæ, *Lin.*) — 3. *Syntomide phegée* (Syntomis phegea, *Lin.*)

Blanchard pinx.

Attacus aurota. (Attacus *aurota*, *Cram.*)

Blanchard pinx. Fournier sc.

1. *Attacus grand Paon de nuit* (Attacus pavonia major. Lin.) Femelle. 2. *Attacus petit Paon de nuit* (Attacus pavonia minor, Lin.) Mâle.

Pellian imp.

1. Hépiale Vénus. (Hepialus Venus, Cram.) — 2. Écaille pourprée. (Chelonia purpurea, Lin.)
3. Écaille Hébé. (Chelonia Hebe, Lin.)

1. Lichenée bleue. (Catocala fraxini, Lin.) 2. Ophidère empereur. (Ophideres imperator, Boisd.)
3. Aganais à ailes vitrées. (Aganais vitripennis, Blanch.)

1 et 2. *Uranie riphée.* (Urania riphæus, *Cram.*)

Lamoureux imp.

1. *Phalène magnifique.* (Phalæna magnificaria, *Boisd.*) – 2. *Géomètre papillon.* (Geometra papilionaria, *Fabr.*)
3. *Fidonie plumeuse.* (Fidonia plumistaria,) – 4. *Zérène du groseiller.* (Zerene grossularia, *Lin.*)
5. *Mélanippe hallebardière.* (Melanippe hastaria, *Lin.*)

1. *Cigale remarquable.* (Cicada speciosa, *Illig.*)

1. Fulgore à tête grêle. (Fulgora graciliceps, Blanch.) — 2. Fulgore porte-lanterne. (Fulgora laternaria, Lin.)
3. Fulgore de Castres. (Fulgora Castresii, Guér.)

1. Pyrophore à bec de feu. (Pyrophorus pyrorhynchus, Donov.) _ 2. Penthicode peinte. (Penthicodes picta, Bl.) _ 3. Lystre pulvérulente. (Lystra pulverulenta, Fabr.) 4. Cercope fourchue. (Cercopis forcata, Germ.)

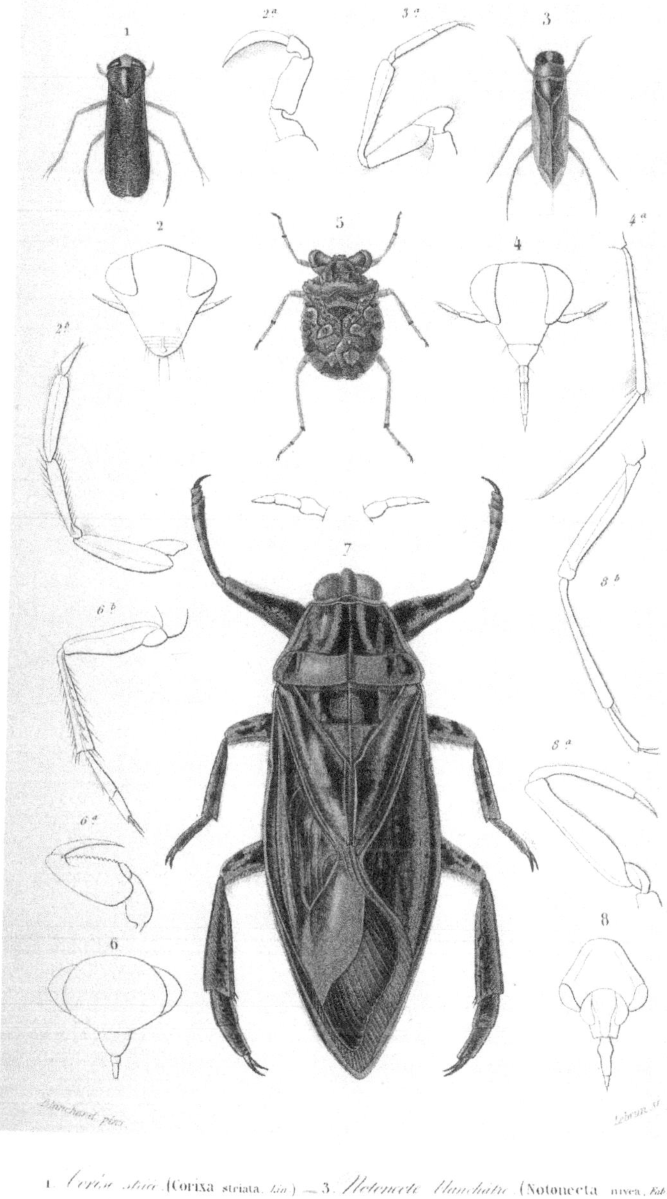

1. *Corise striée* (Corixa striata, *Lin.*) — 3. *Notonecte blanchâtre* (Notonecta nivea, *Fab.*)
5. *Galgule oculé* (Galgulus oculatus, *Fab.*) — 7. *Bélostome marbré* (Belostoma marmoratum, *Blanch.*)

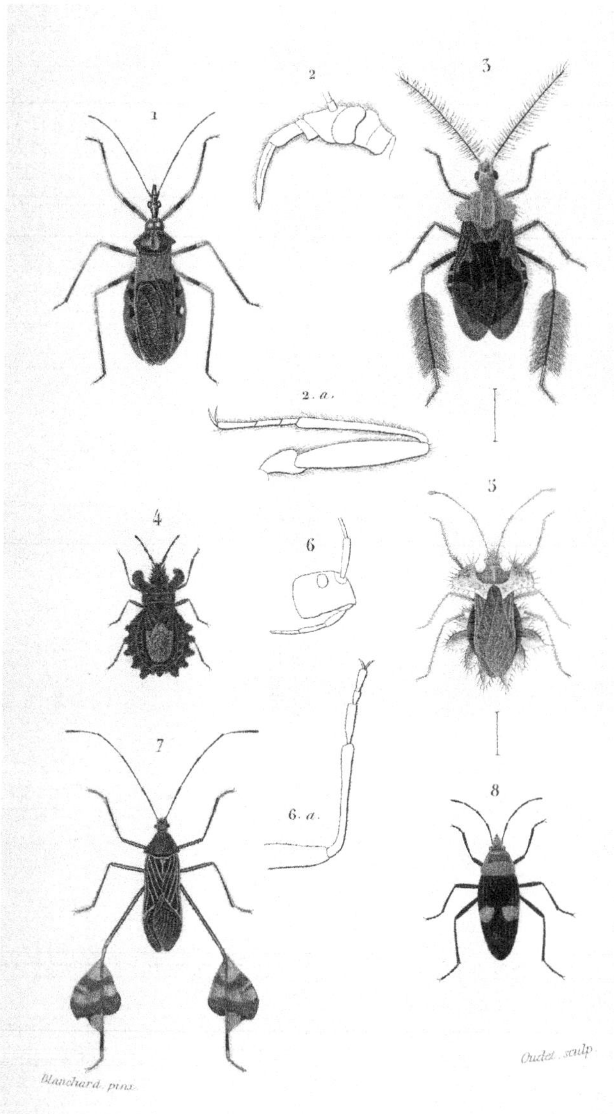

1. *Réduve agréable* (Redovius amænus, Guer.) 3. *Holoptile lémur* (Holoptilus lemur, West.)
4. *Dysodie lunulé* (Dysodius lunulatus, Fab.) 5. *Phyllomorphe d'Algérie* (Phyllomorpha Algirica, Guer.) 7. *Anisoscèle à lignes jaunes* (Anisoscelis flavolineatus, Blanch.)
8. *Astemme de Madagascar* (Astemma Madagascariensis, Blanch.)

Follian imp.

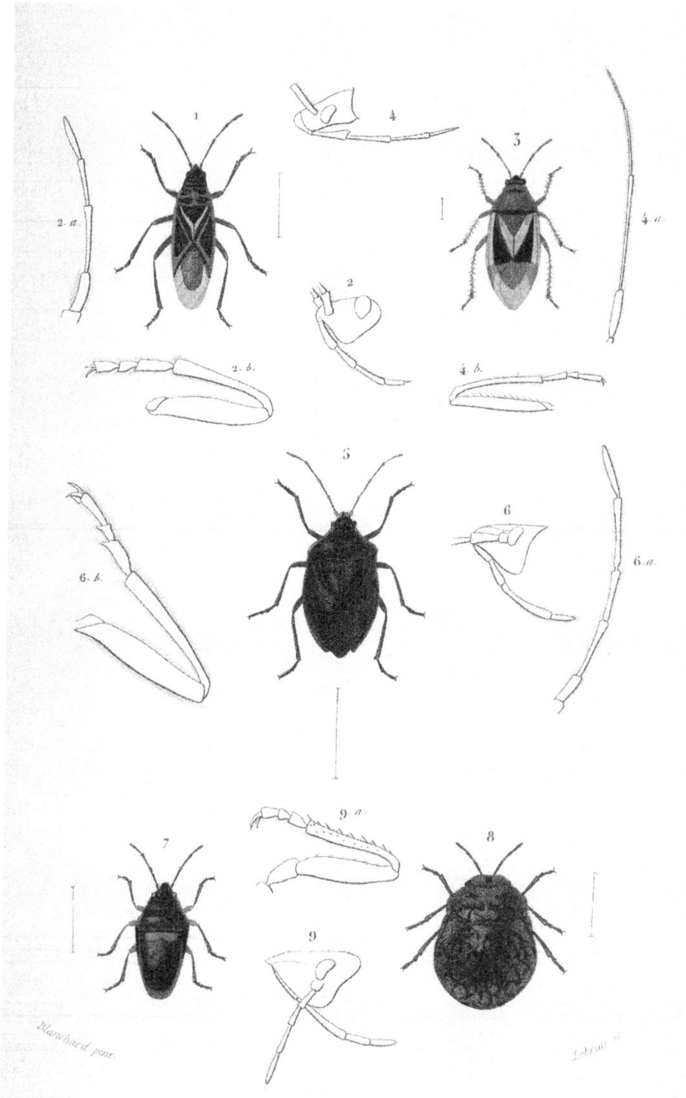

1._ *Lygée charmant.* (Lygæus formosus, *Blanch.*) _ 3. *Phytocore aimable.* (Phytocoris amabilis, *Blanch.*) _ 5. *Pentatome splendide.* (Pentatoma splendens, *Blanch.*) _ 7. *Scutellère à tache orangée.* (Scutellera aurantiacomaculata, *Bl.*) _ 8. *Platycéphale variée.* (Platycephala variegata, *Guér.*)

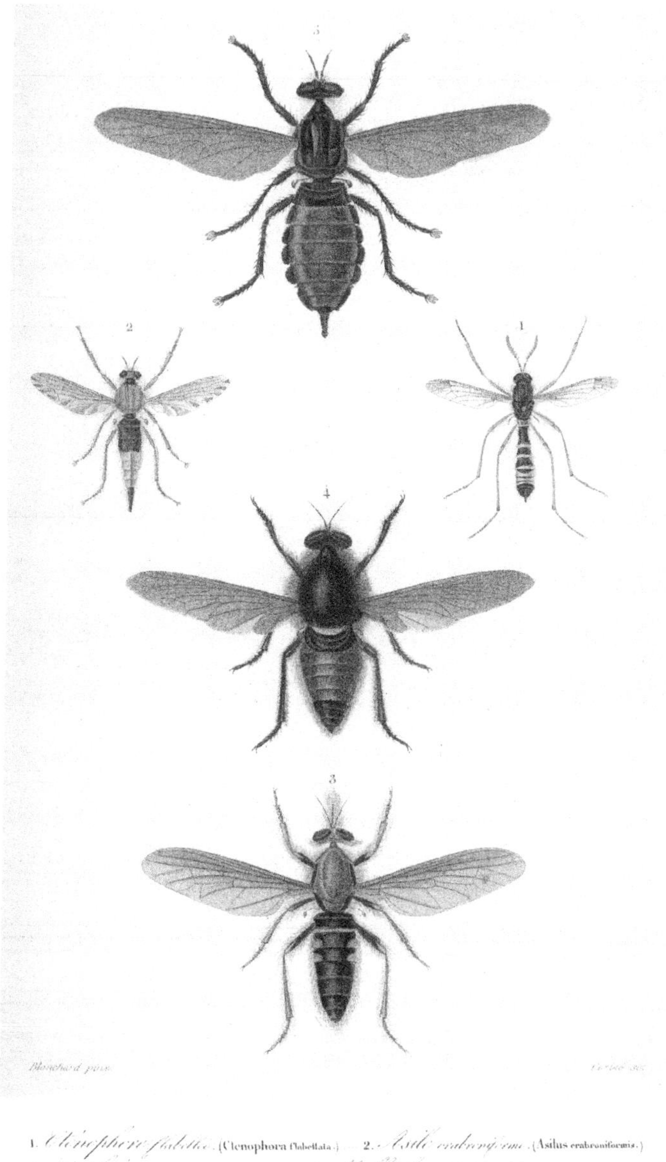

1. *Cténophore flabellée.* (Ctenophora flabellata.) — 2. *Asile crabroniforme.* (Asilus crabroniformis.)
3. *Laphrie géante.* (Laphria gigas.) — 4. *Mallophore infernale.* (Mallophore infernalis.)
5. *Midas géant.* (Midas giganteus.)

Follian imp.

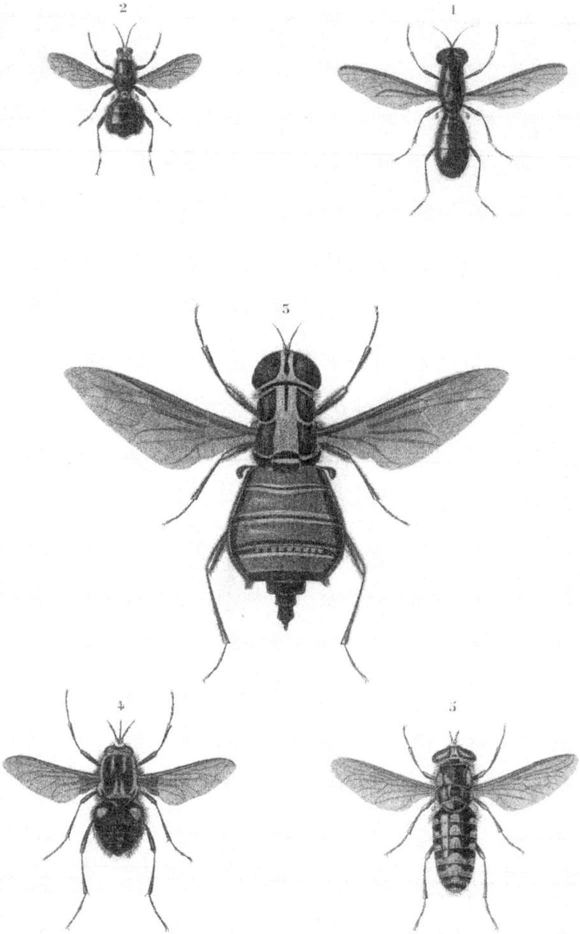

Blanchard pinx. *Fournier sc.*

1. *Chrysochlore améthyste.* (Chrysochlora amethystina, *Fabr.*) — 2. *Cyphomyie flamme d'or.* (Cyphomyia auriflamma, *Wiedem.*) — 3. *Acanthomère épouvantable.* (Acanthomera immanis, *Macq.*)
4. *Bombylie ponctué.* (Bombylius punctatus, *Fabr.*) — 5. *Taon ceinturé d'or.* (Tabanus aurocinctus, *Fabr.*)

Follian imp.

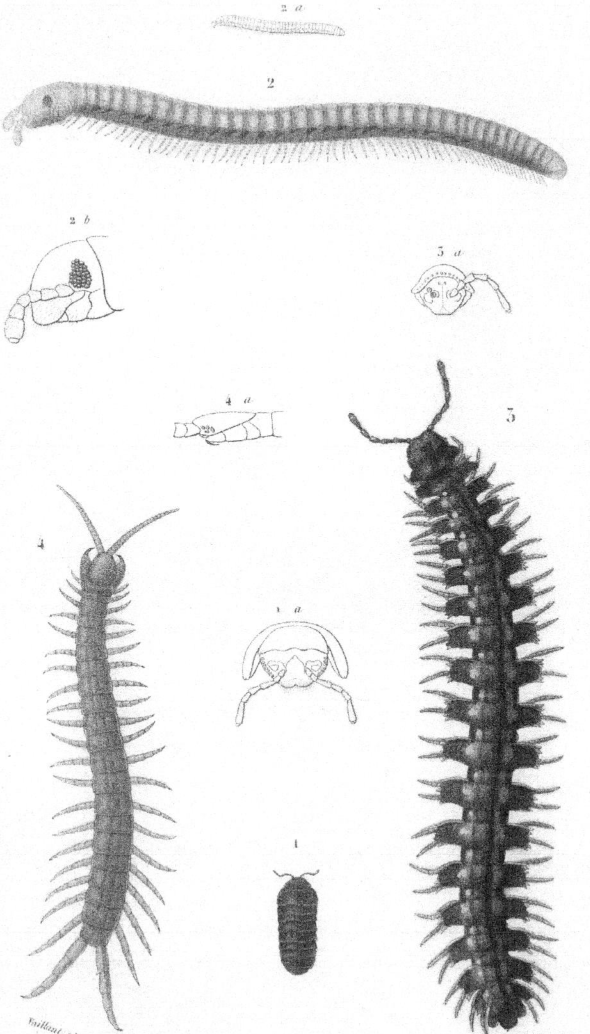

Vaillant pinx. Lebrun sc.

CHILOGNATHES.
1. *Gloméris bordé.* (Glomeris marginata, *Leach.*)
2. *Jule lucifuge.* (Julus lucifugus, *Gerv.*)
3. *Polydème du Mexique.* (Polydesmus mexicanus, *Lucas.*)

CHILOPODES.
4. *Scolopendre mordante.* (Scolopendra morsitans, *Lin.*)

Fellian imp.

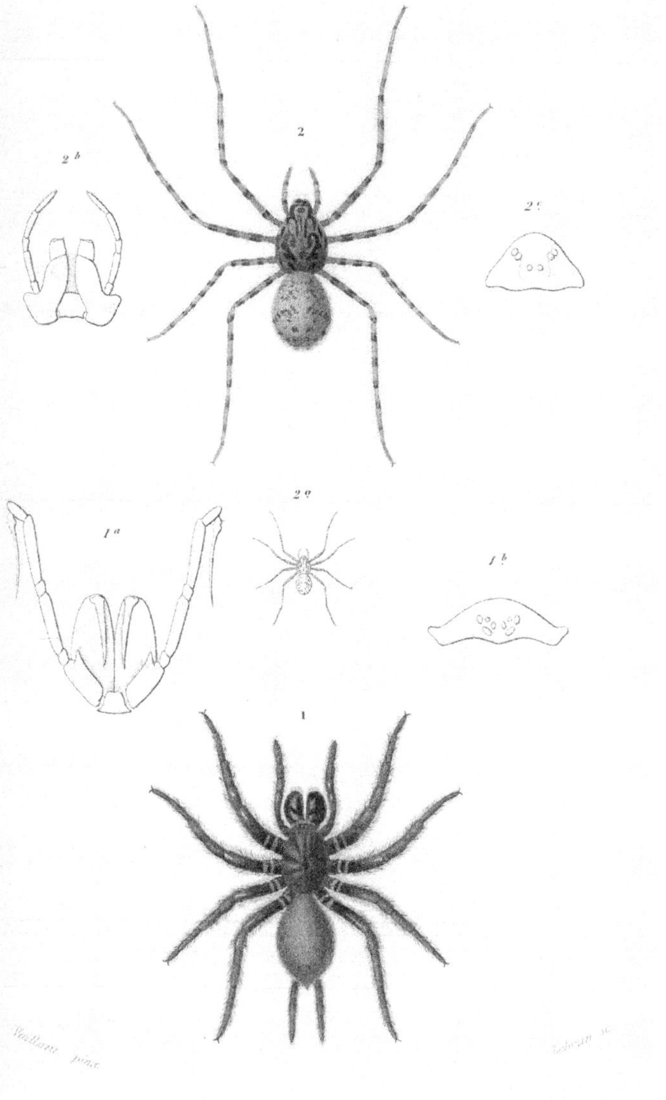

1. *Mygale de Quoy.* (Mygale quoyi, *Walck.*) 2. *Scytode thoracique.* (Scytodes thoracica, *Latr.*) *grossie.*

2 a *La même de grandeur naturelle.*

Folliau imp.

Blanchard pinx. Corbié sc.

1. *Mygale aviculaire.* (Mygale avicularia, *Lin.*) 2. *Nid de la Mygale maçonne.* (Mygale cœmentaria.)

Fotiau imp.

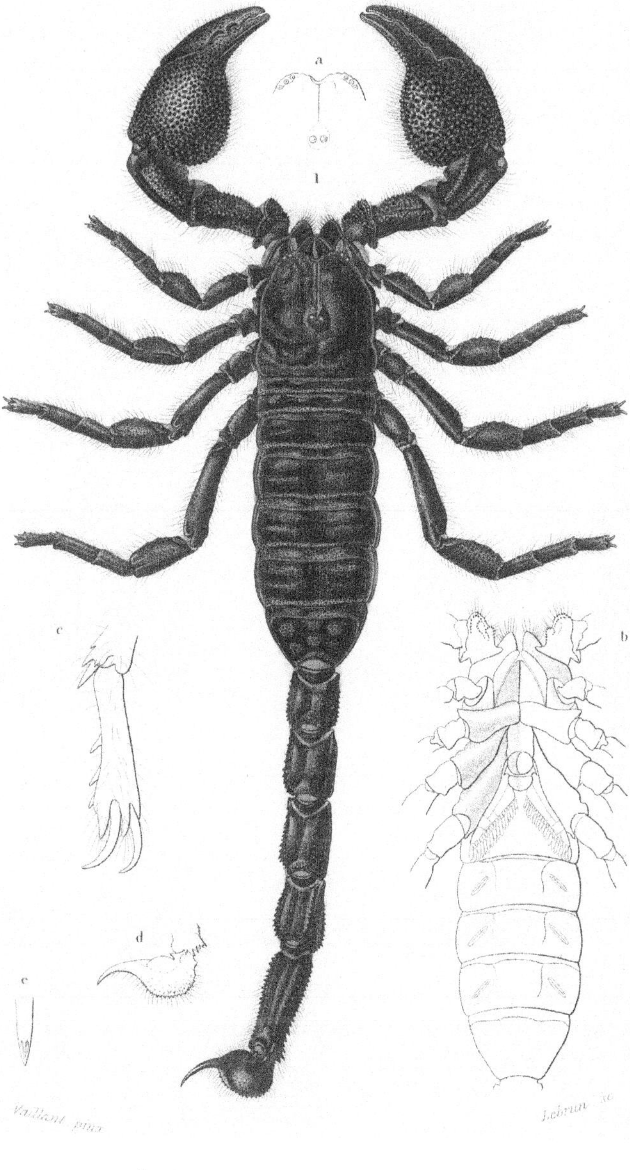

1. *Scorpion africain.* Scorpio (*Buthus*) Afer. *Lin.*

a, b, c, d, e. *Details du Scorpion Africain.*

Langlois imp.

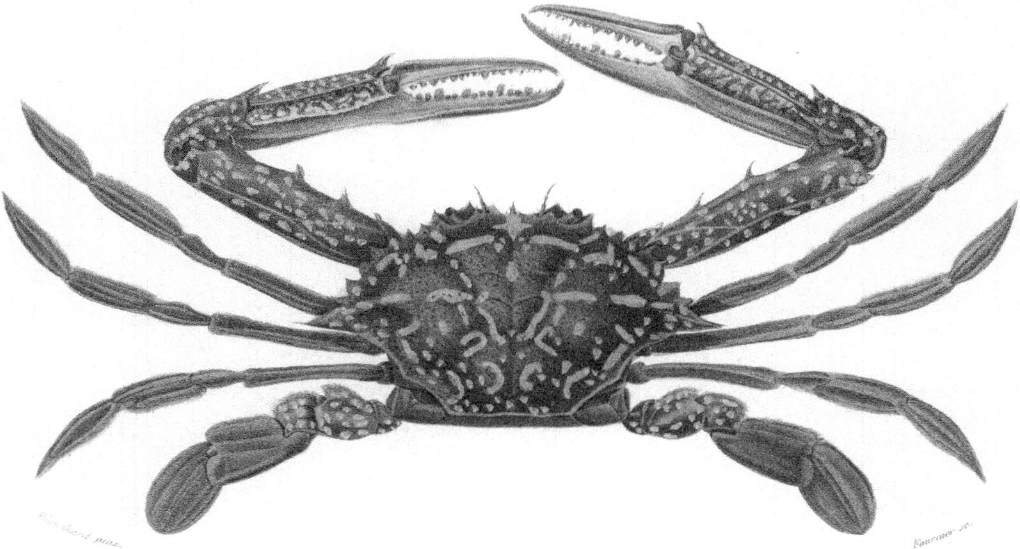

Lupée pélagienne. (Lupa pelagica, Lin.)

Birgue voleur (Birgus latro, Fabr.)

Lamoureux imp.

Vaillant pinx Fournier sc.

Homard commun (Homarus vulgaris, *Edw.*) ½ *de gr. nat.*

Pellisa imp.

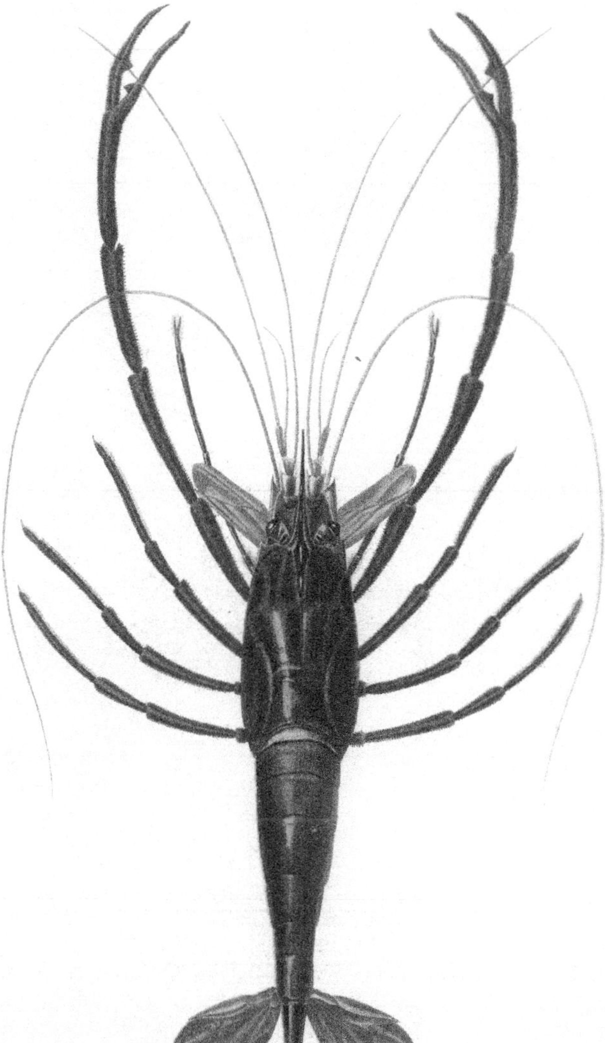

Blanchard pinx. *Fournier sc.*

Palemon orné (Palemon ornatum. *Oliv.*)

Follian imp.

Blanchard pinx. Fournier sc.

Squille maculée. (Squilla maculata, *Lamck.*)

Foltiau imp.

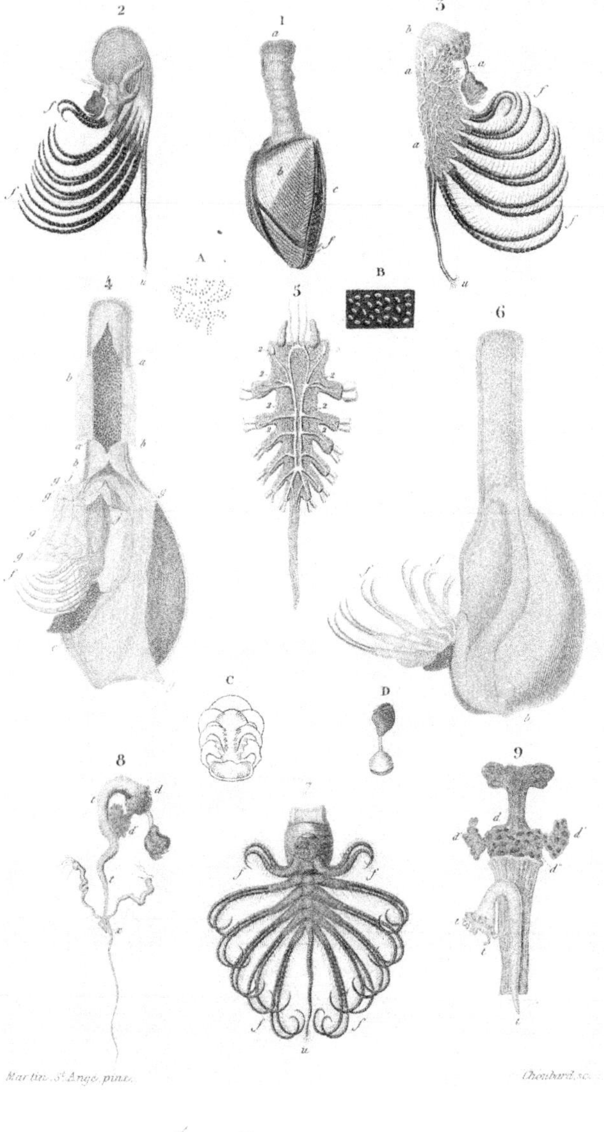

Martin St Ange pinx. Choubard sc.

1. *Anatife lisse.* (Anatifa lævis, *Lamk.*)

2-9. *Anatomie des Anatifes.*

Follian imp.

Made in the USA
Monee, IL
17 April 2026

48496649R00118